机 械 识 图 习 题 集

（第 2 版）

1-1　字体练习

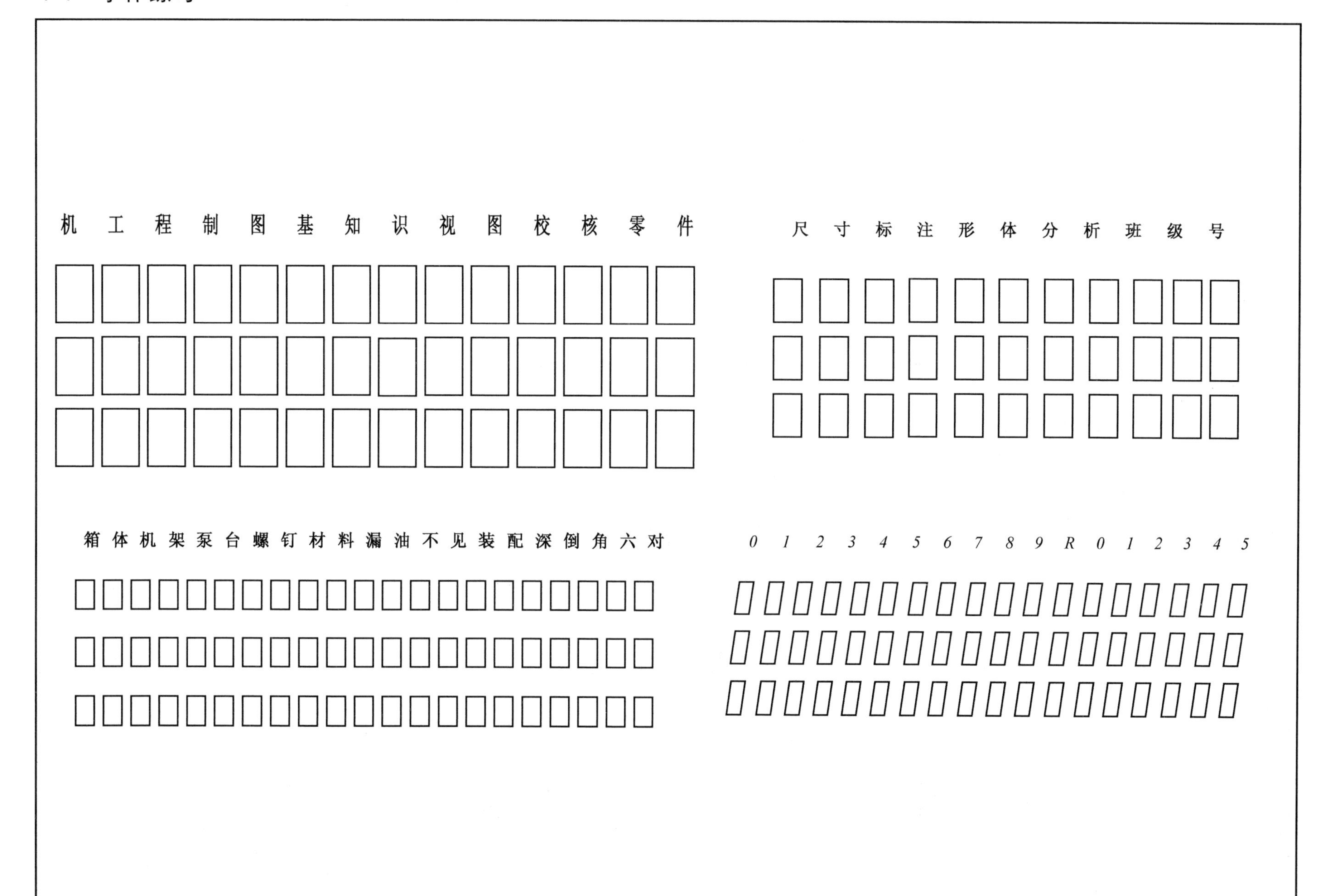

机 工 程 制 图 基 知 识 视 图 校 核 零 件
尺 寸 标 注 形 体 分 析 班 级 号
箱 体 机 架 泵 台 螺 钉 材 料 漏 油 不 见 装 配 深 倒 角 六 对
0 1 2 3 4 5 6 7 8 9 R 0 1 2 3 4 5

1-2 线型练习（在右侧空白处抄画图线及图形，不用标注尺寸）

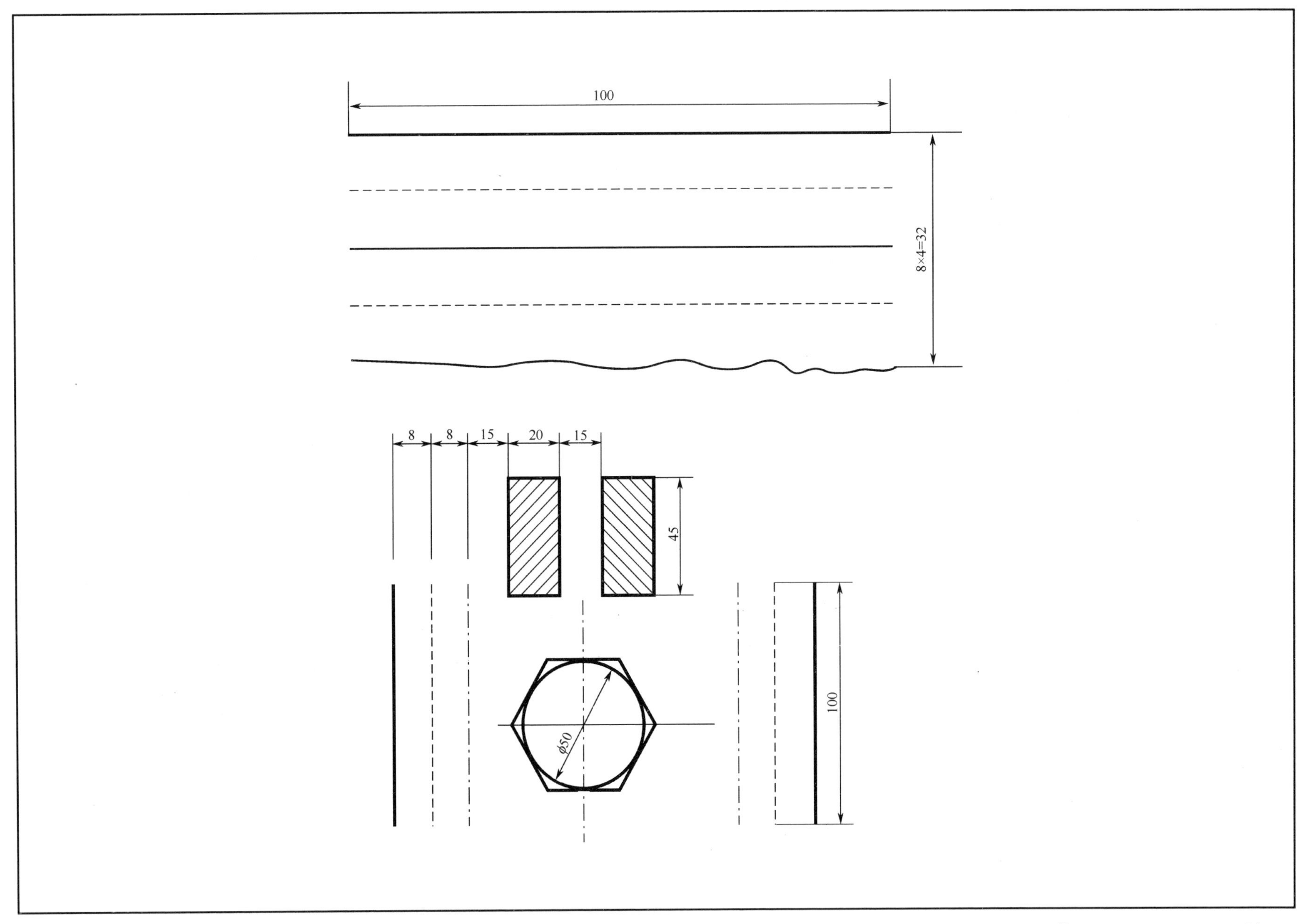

1-3　尺寸标注

1. 画箭头并填写线性尺寸数字。

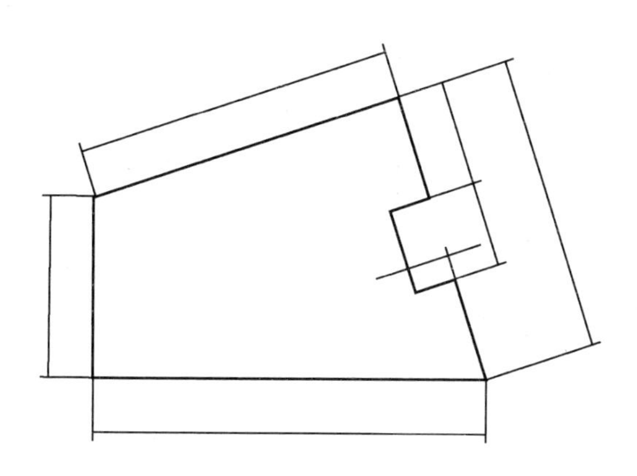

2. 画箭头并填写角度尺寸数字。

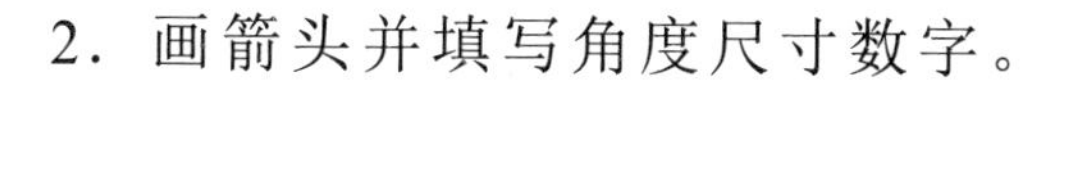

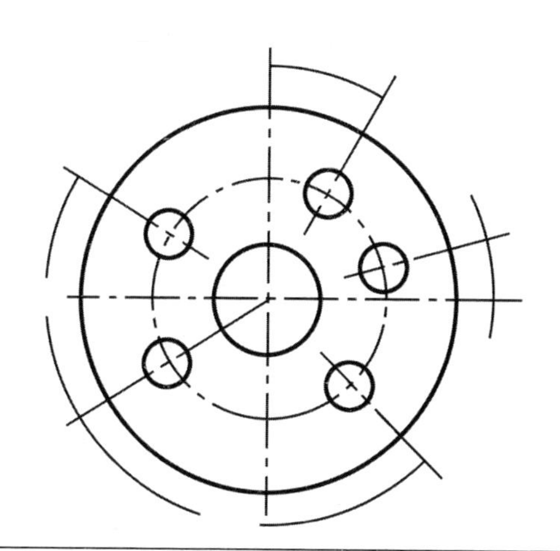

3. 标注圆或圆弧的尺寸。

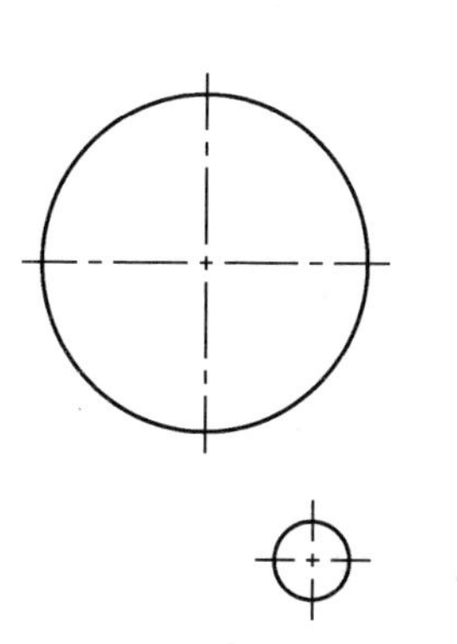

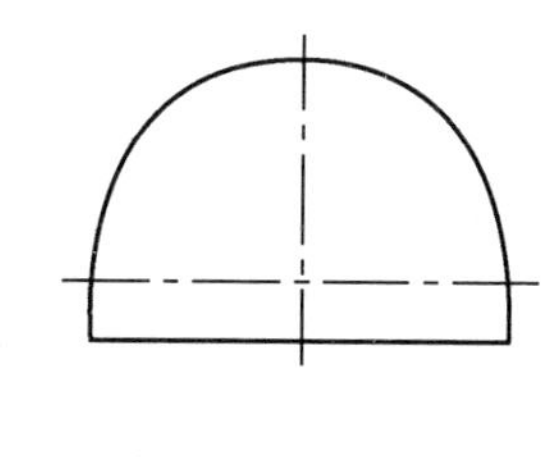

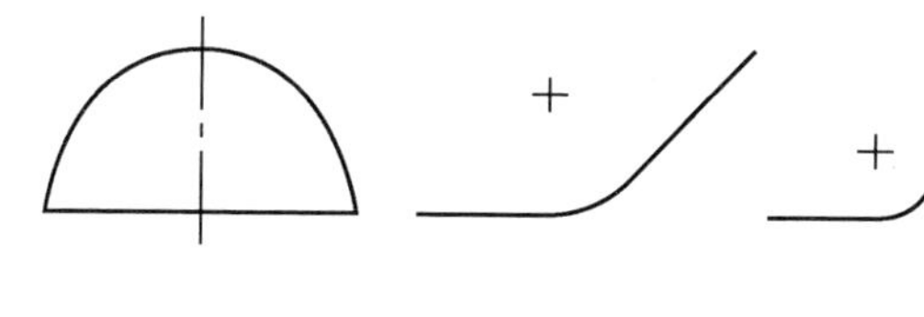

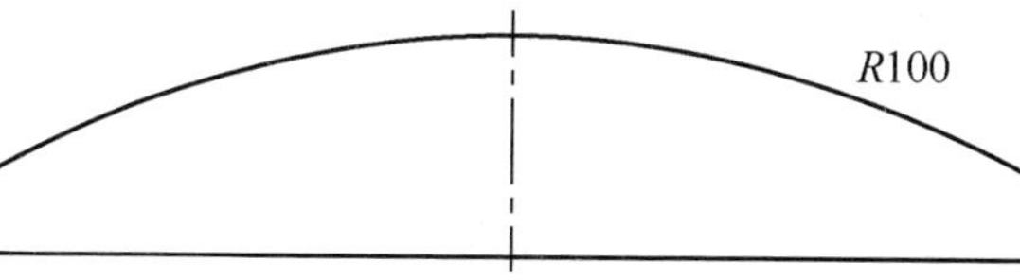

4．找出图中尺寸标注的错误，并在相应的图上正确标注。

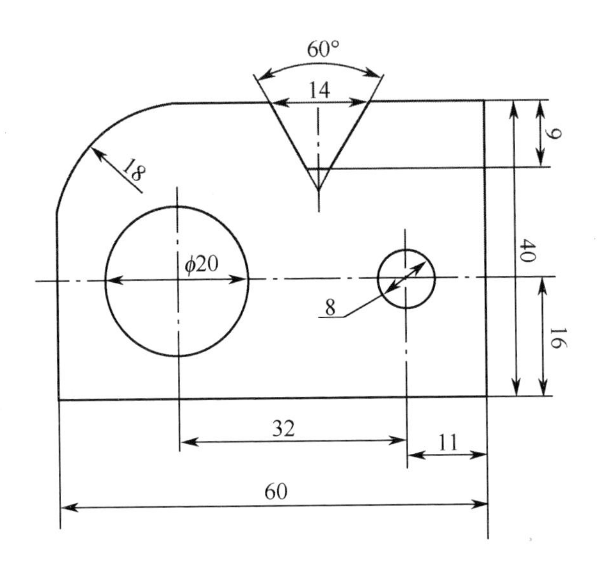

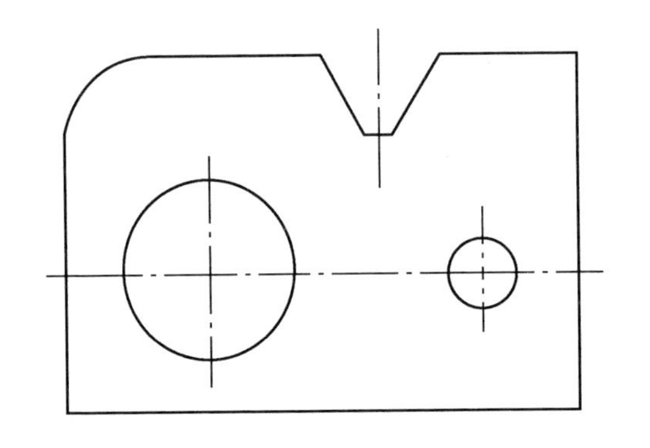

5．找出图中尺寸标注的错误，并在相应的图上正确标注。

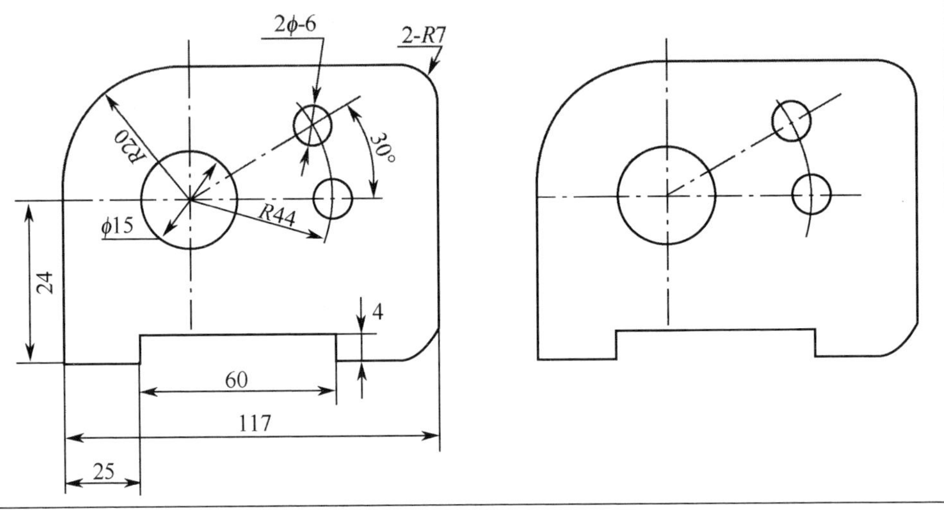

6．对下图进行尺寸标注（尺寸数值直接量取）。

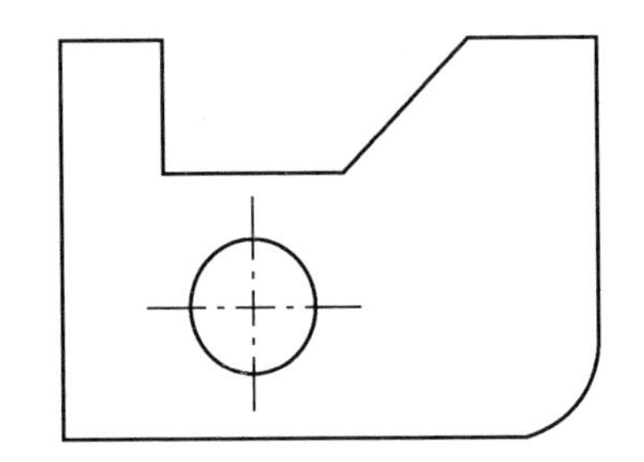

1-4 几何作图基本练习

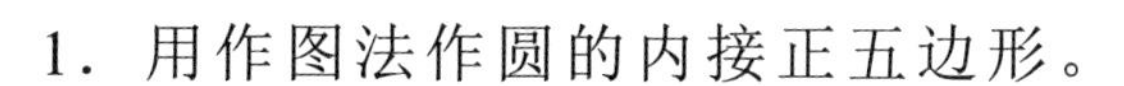

1．用作图法作圆的内接正五边形。

2．参照题示图形，作斜度和锥度，并进行标注。

（1）斜度

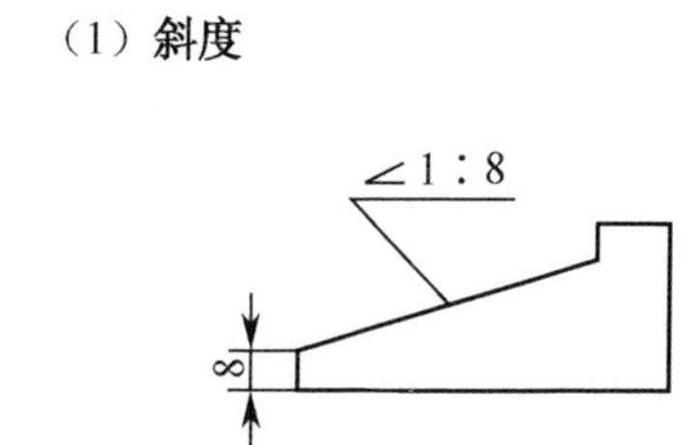

（2）锥度

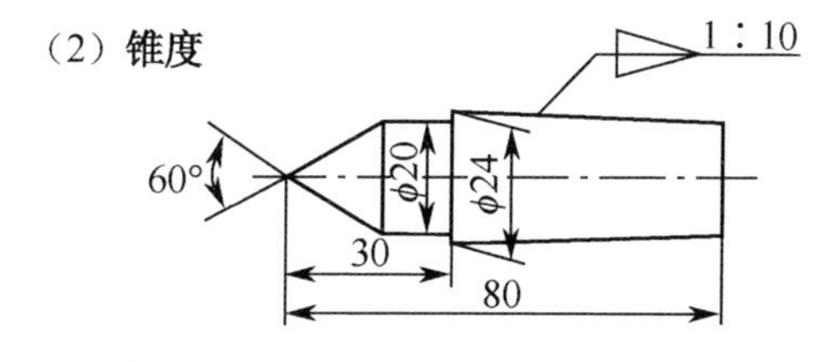

3．根据小图尺寸按比例要求完成大图。

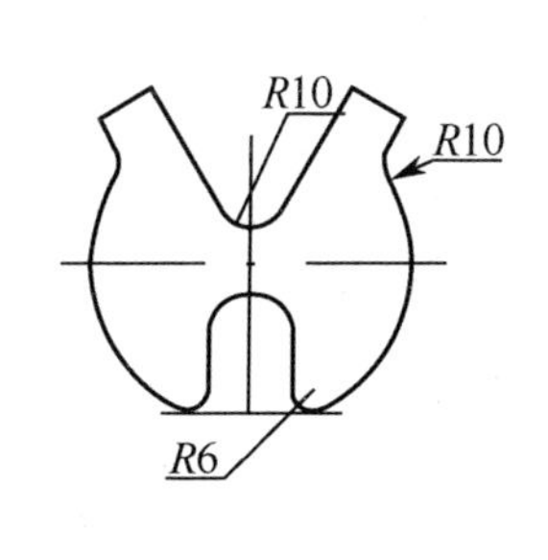

4．根据小图尺寸按比例要求完成大图。

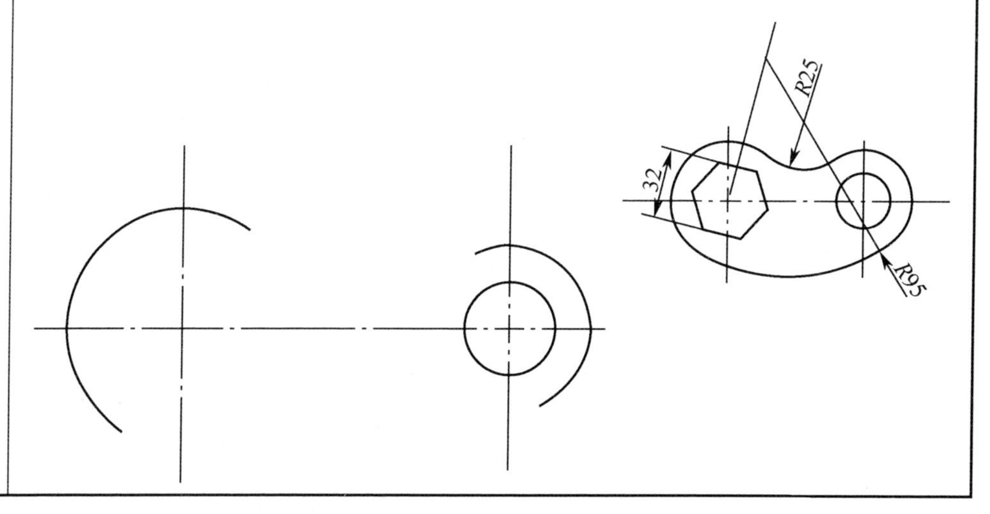

1-5　按 1：1 抄画平面图形

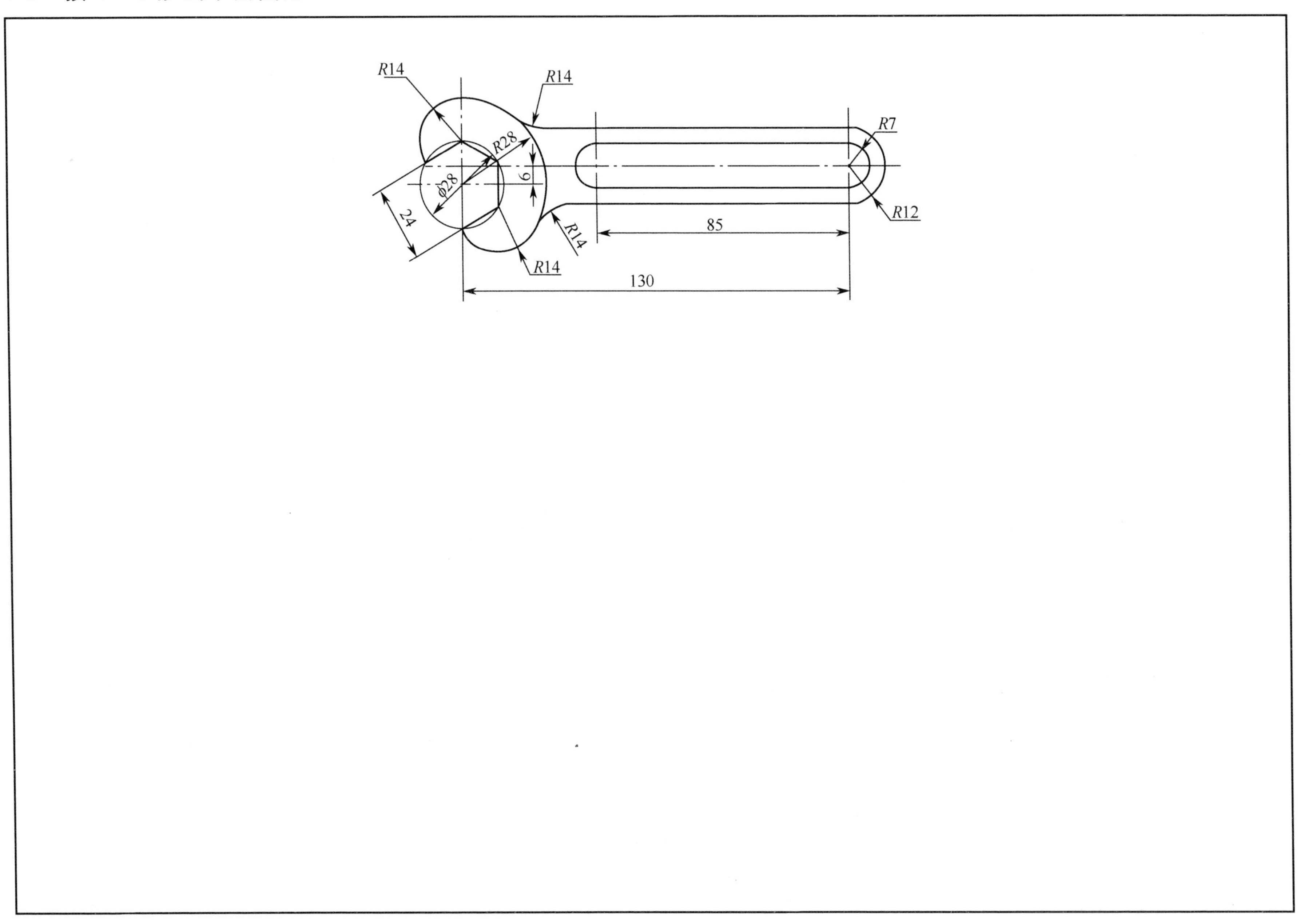

2-1　对照立体图，徒手补画三视图

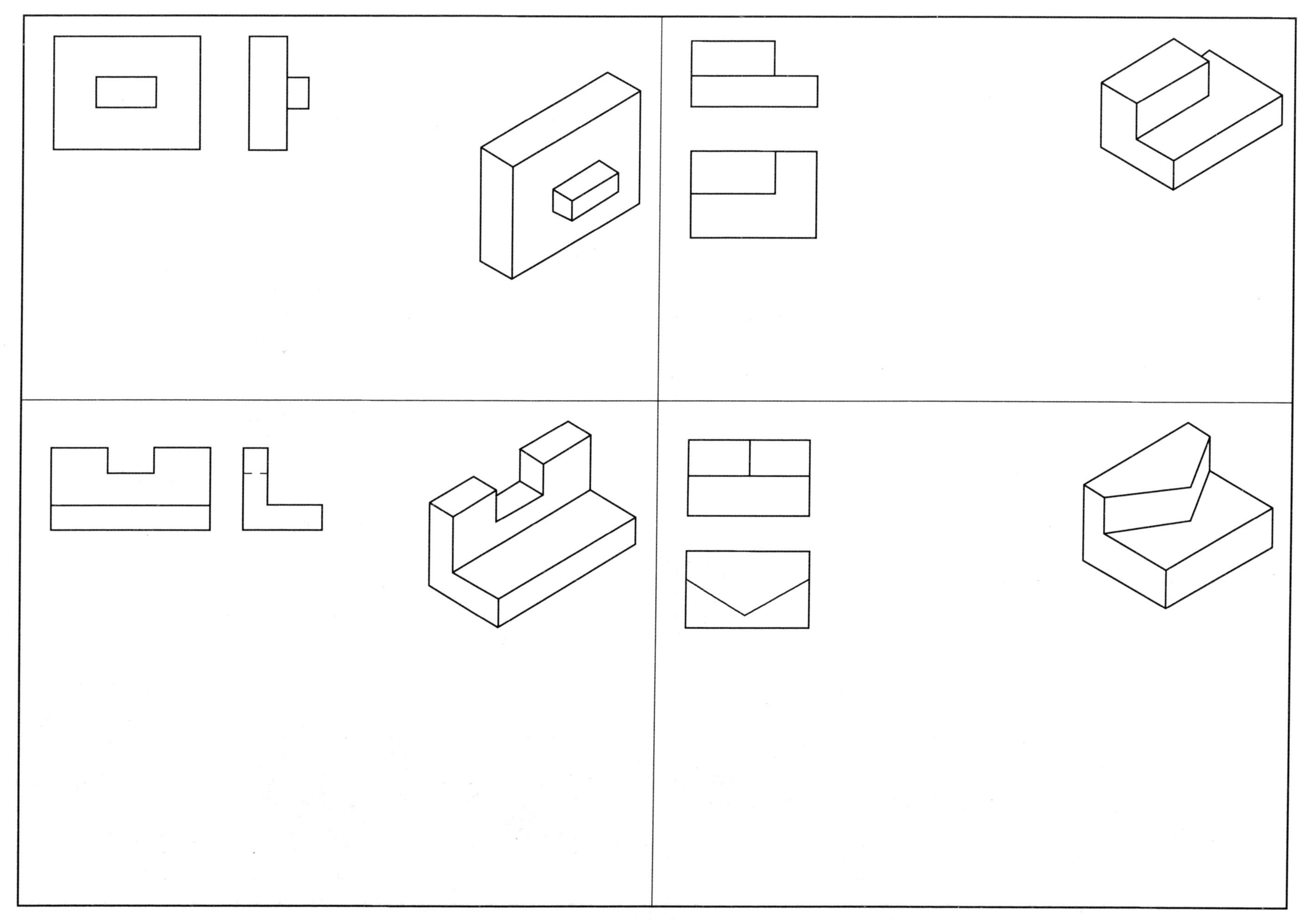

2-2　分析下列三视图，辨认其对应的轴测图，并在空格内填上相应的三视图编号

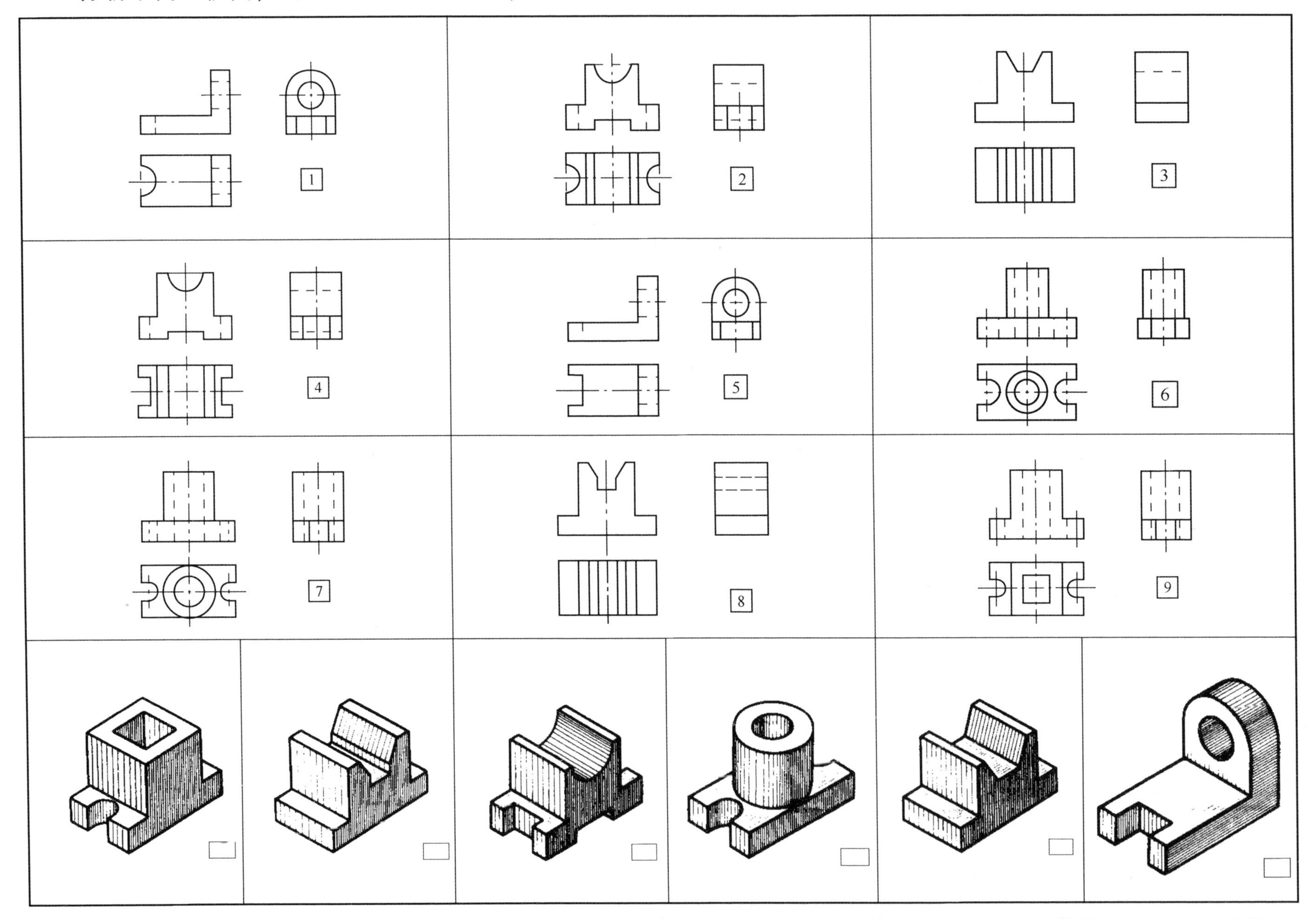

班级　　　　　　　　姓名　　　　　　　　学号

2-3 点的投影

1．已知各点的坐标值，求作三面投影图。

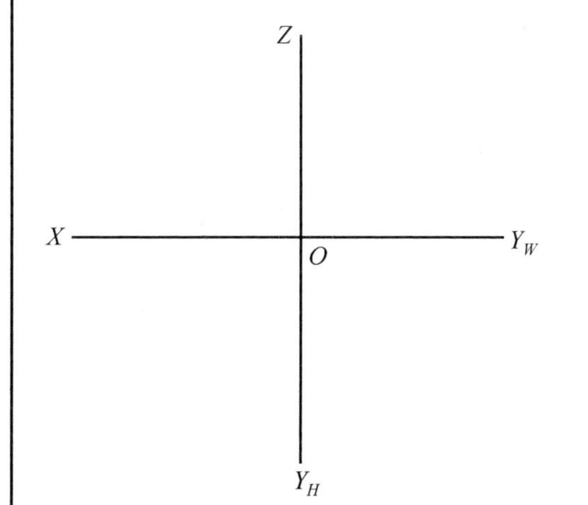

坐标值	x	y	z
A	10	15	5
B	20	10	20

2．已知点 A 的三面投影，并知点 B 在点 A 正上方 10mm，点 C 在点 A 正右方 15mm，求作点 B、C 的三面投影图。

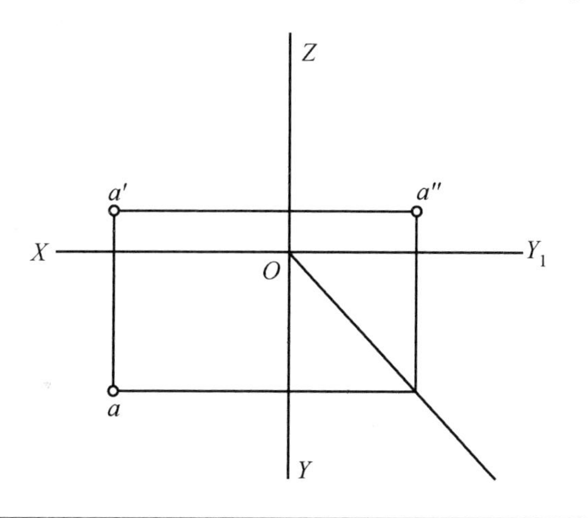

3．已知各点的投影，试判断各点与点 A 的位置关系，并对投影图中的重影点判别可见性。

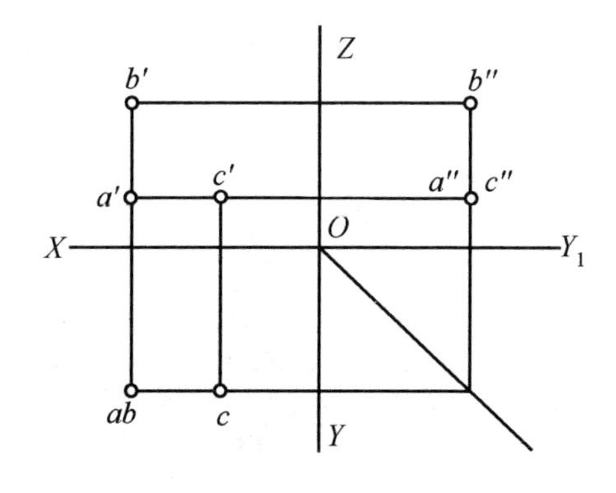

4．在正五棱台的主视图、左视图上标出 A、B 两点的投影，并比较两点的相对位置。点 B 在点 A 的________、__________、________方。

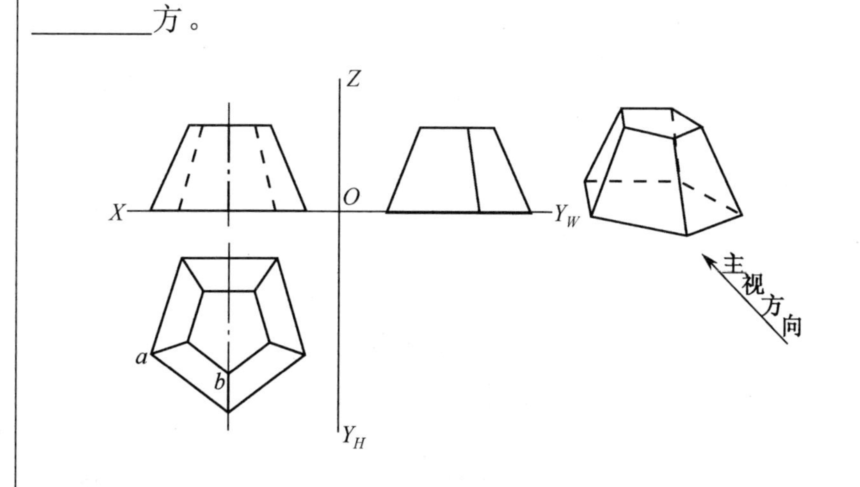

2-4 线的投影

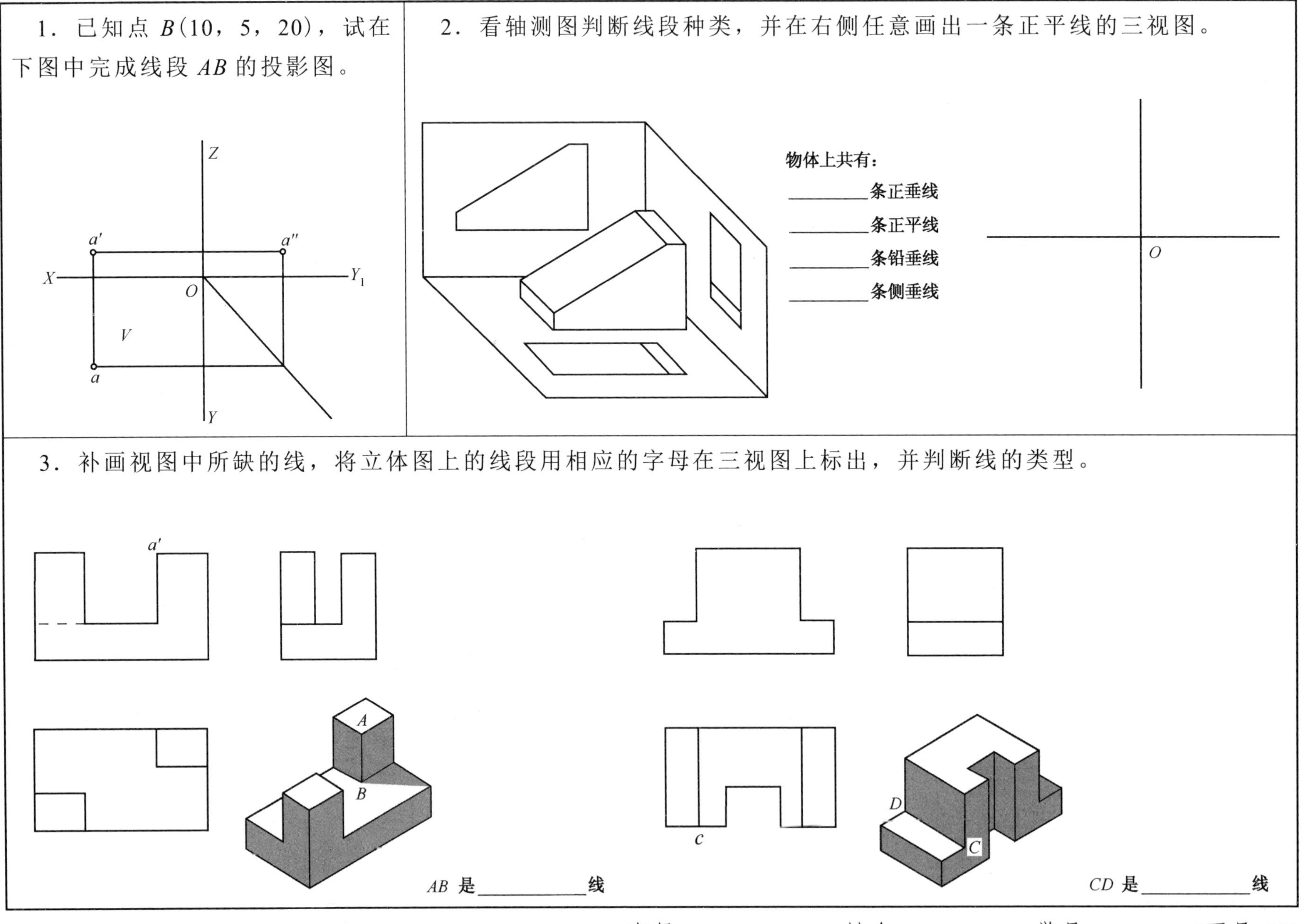

1．已知点 B(10，5，20)，试在下图中完成线段 AB 的投影图。
Z
a′
a″
X
O
Y1
V
a
Y
2．看轴测图判断线段种类，并在右侧任意画出一条正平线的三视图。
物体上共有：
________条正垂线
________条正平线
________条铅垂线
________条侧垂线
O
3．补画视图中所缺的线，将立体图上的线段用相应的字母在三视图上标出，并判断线的类型。
a′
A
B
AB 是________线
c
D
C
CD 是________线

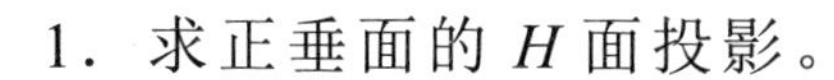

2-5 面的投影

1．求正垂面的 *H* 面投影。

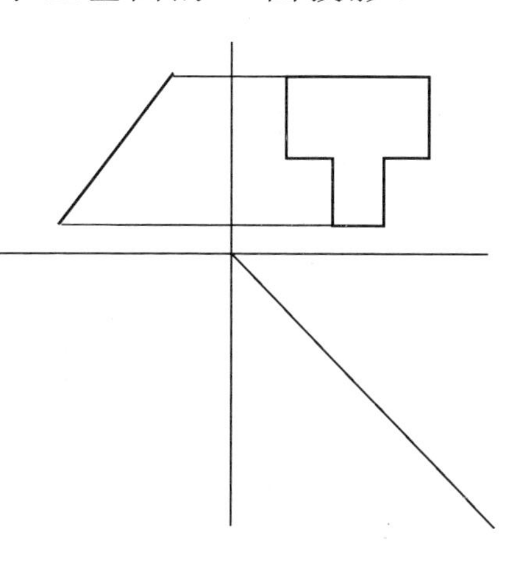

2．求铅垂面的 *W* 面投影。

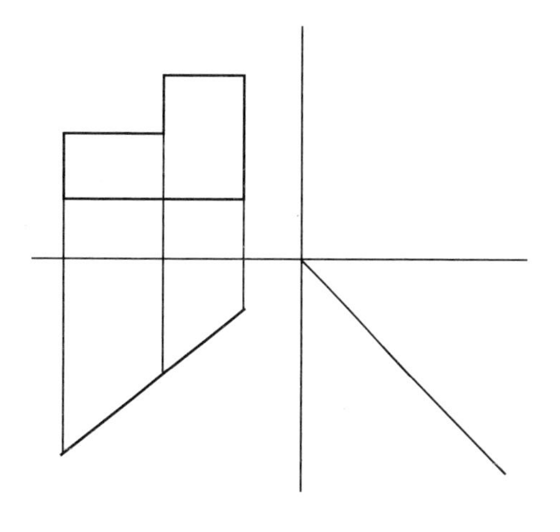

3．求 *H* 面投影。

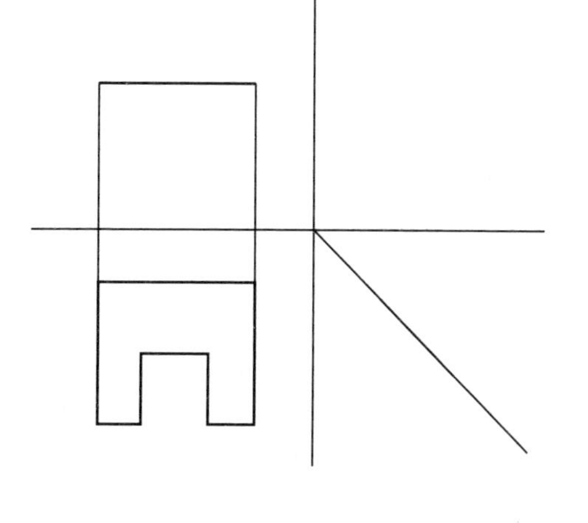

4．画出所给立体图的三视图。

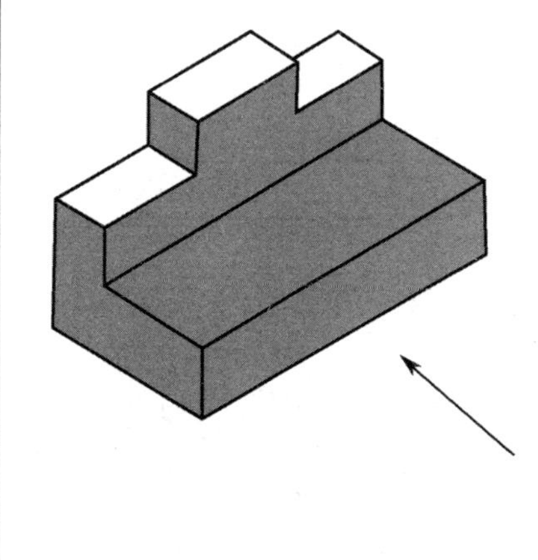

班级　　　　姓名　　　　学号

2-6 平面的投影（找出平面 I 的另两视图，判断空间位置）

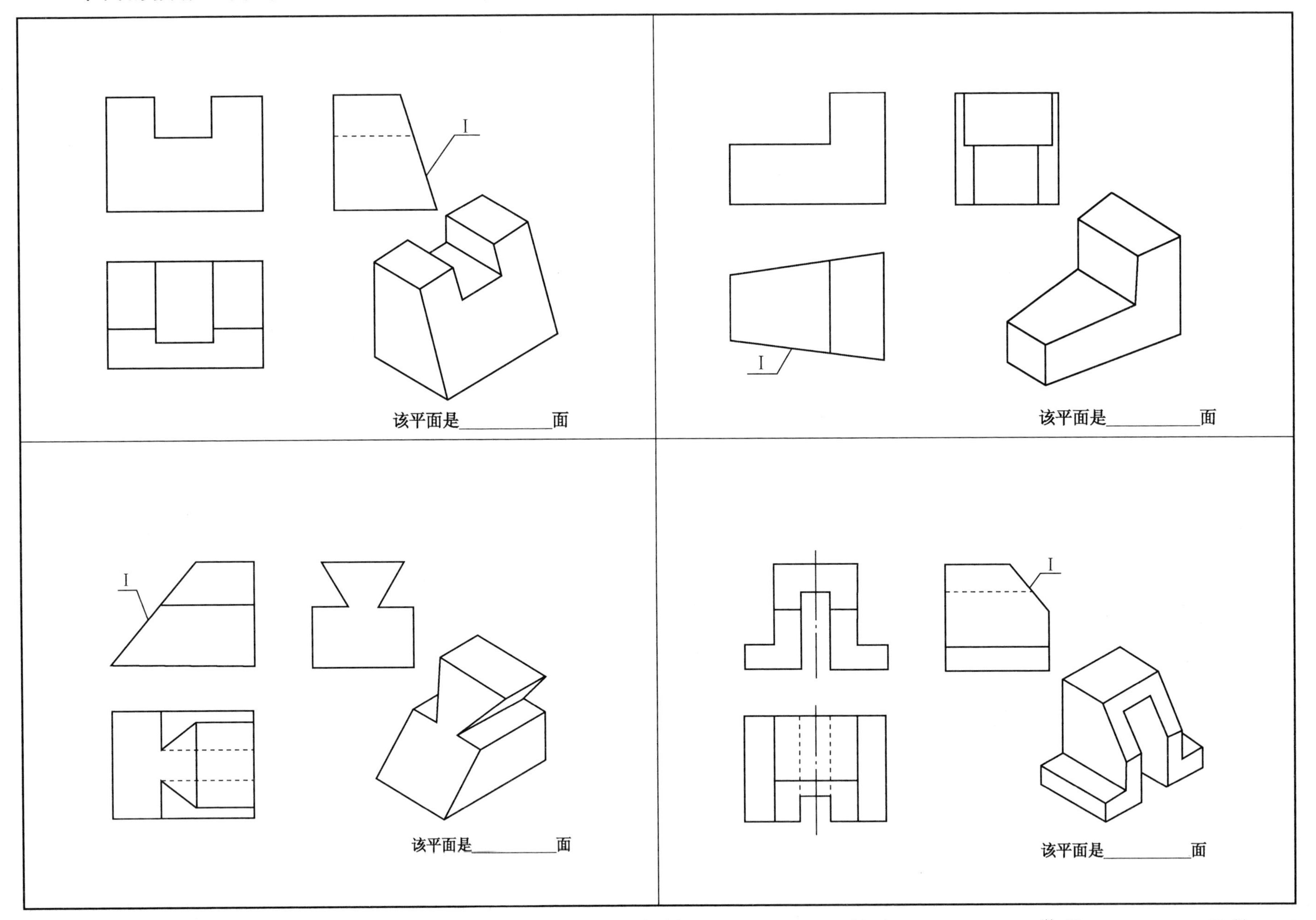

2-7　在直观图上标出各平面的位置（用相应的大写字母），在投影图上标出指定平面的其他两个投影，并写出指定平面的名称

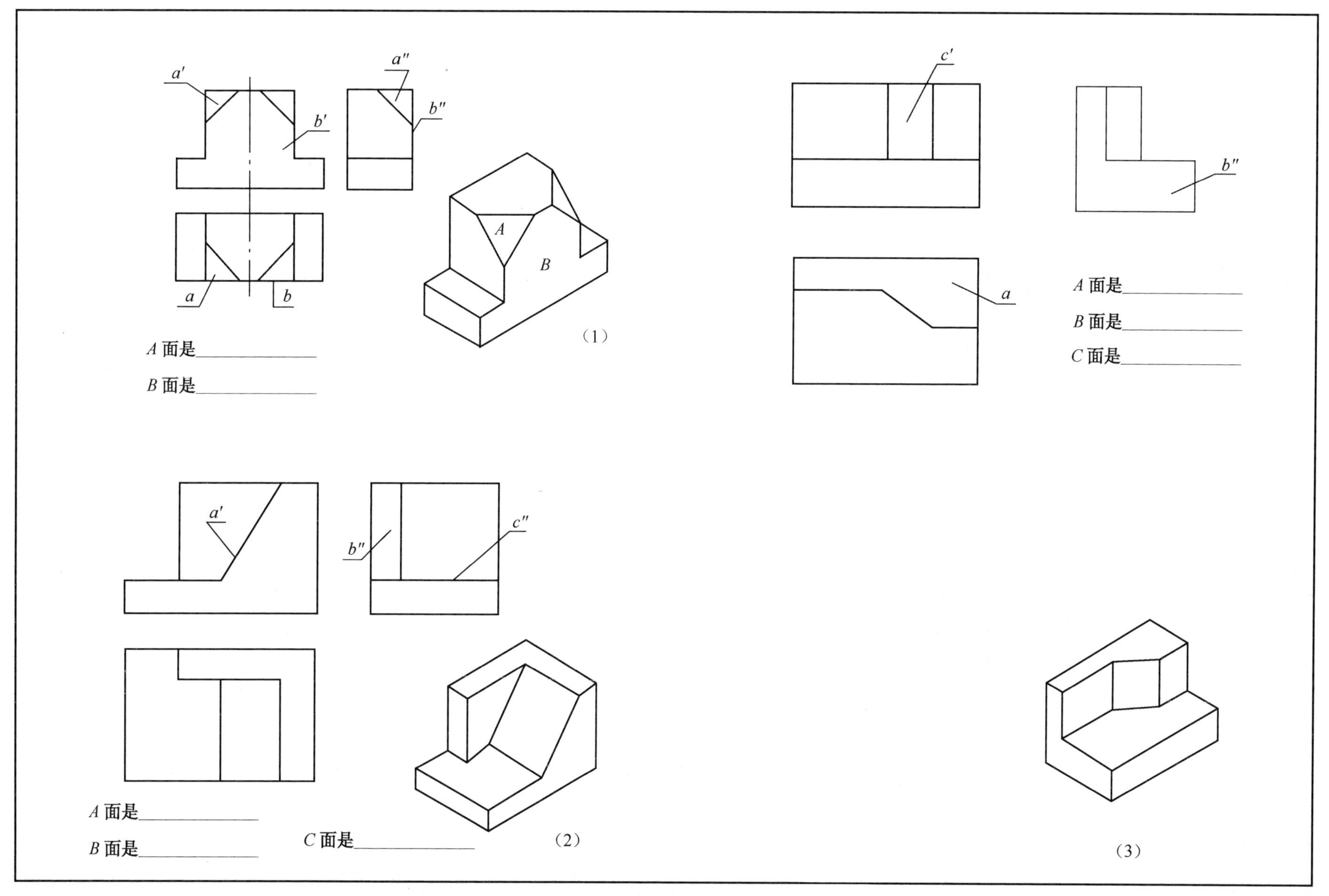

2-8 根据轴测图及已知视图，画出另两个视图

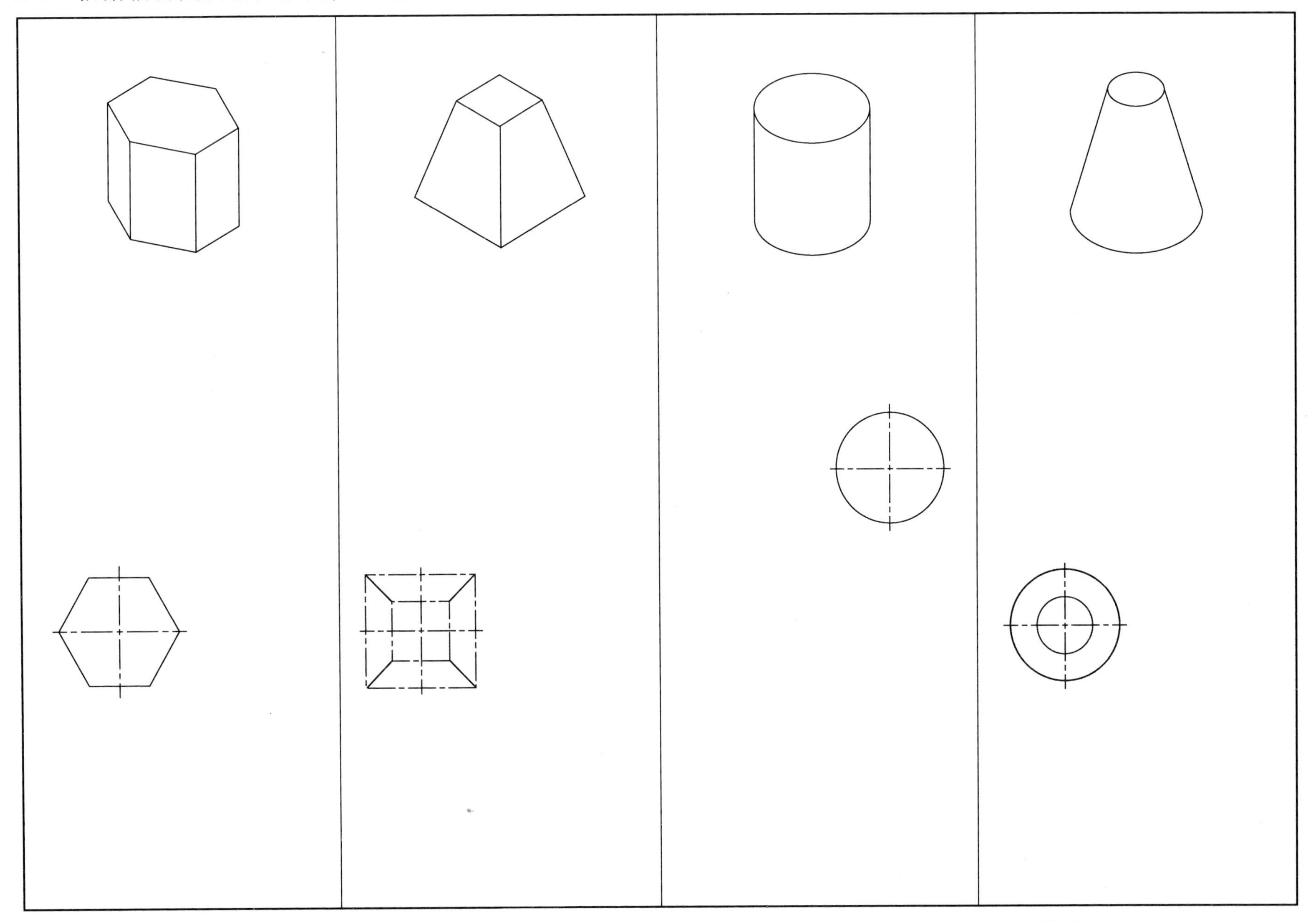

2-9　已知立体的两个视图，求作第三视图

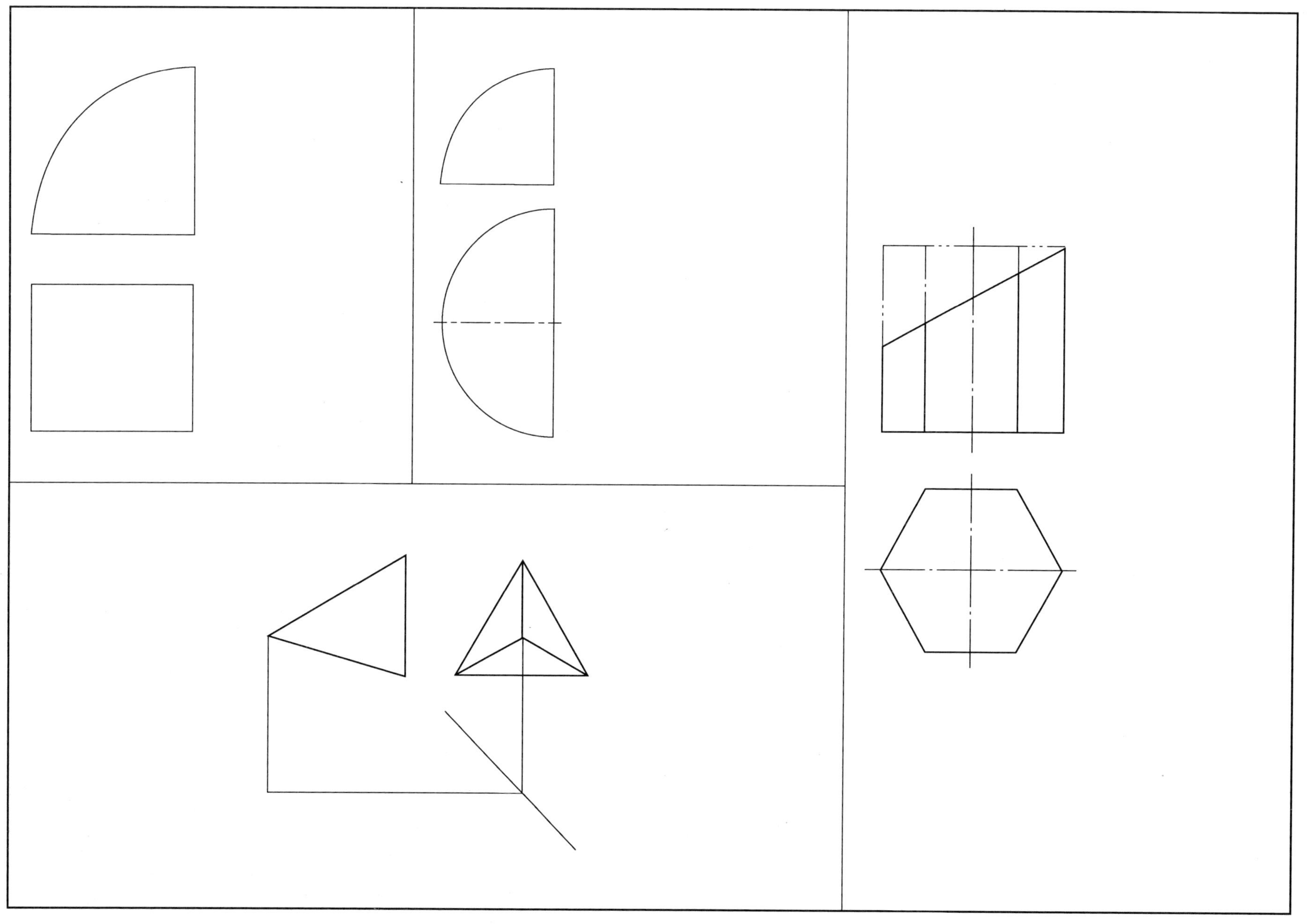

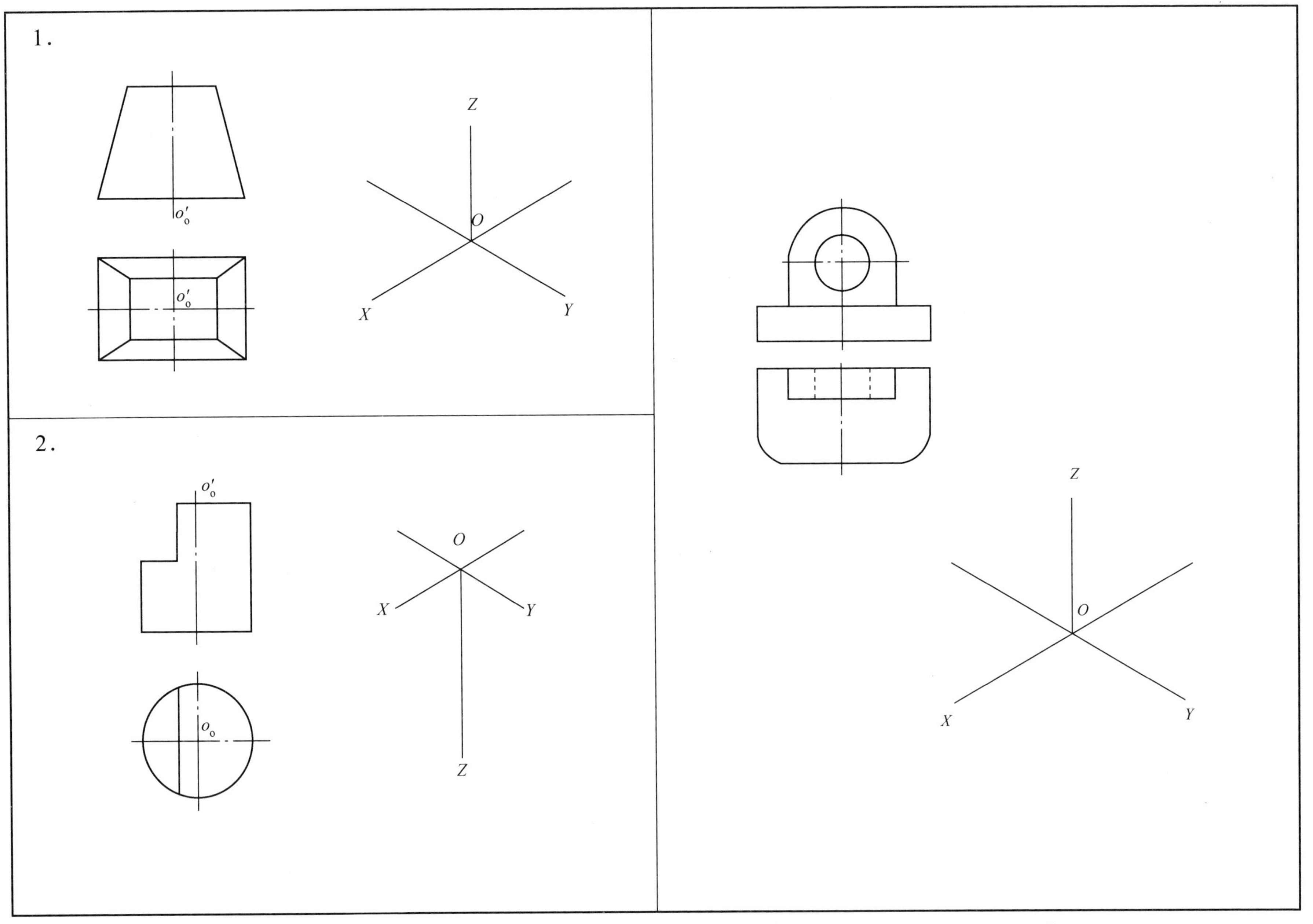
1.
o_0'
o_0'
Z
O
X
Y
2.
o_0'
o_0
O
X
Y
Z
Z
O
X
Y

3-2　由视图画斜二测图

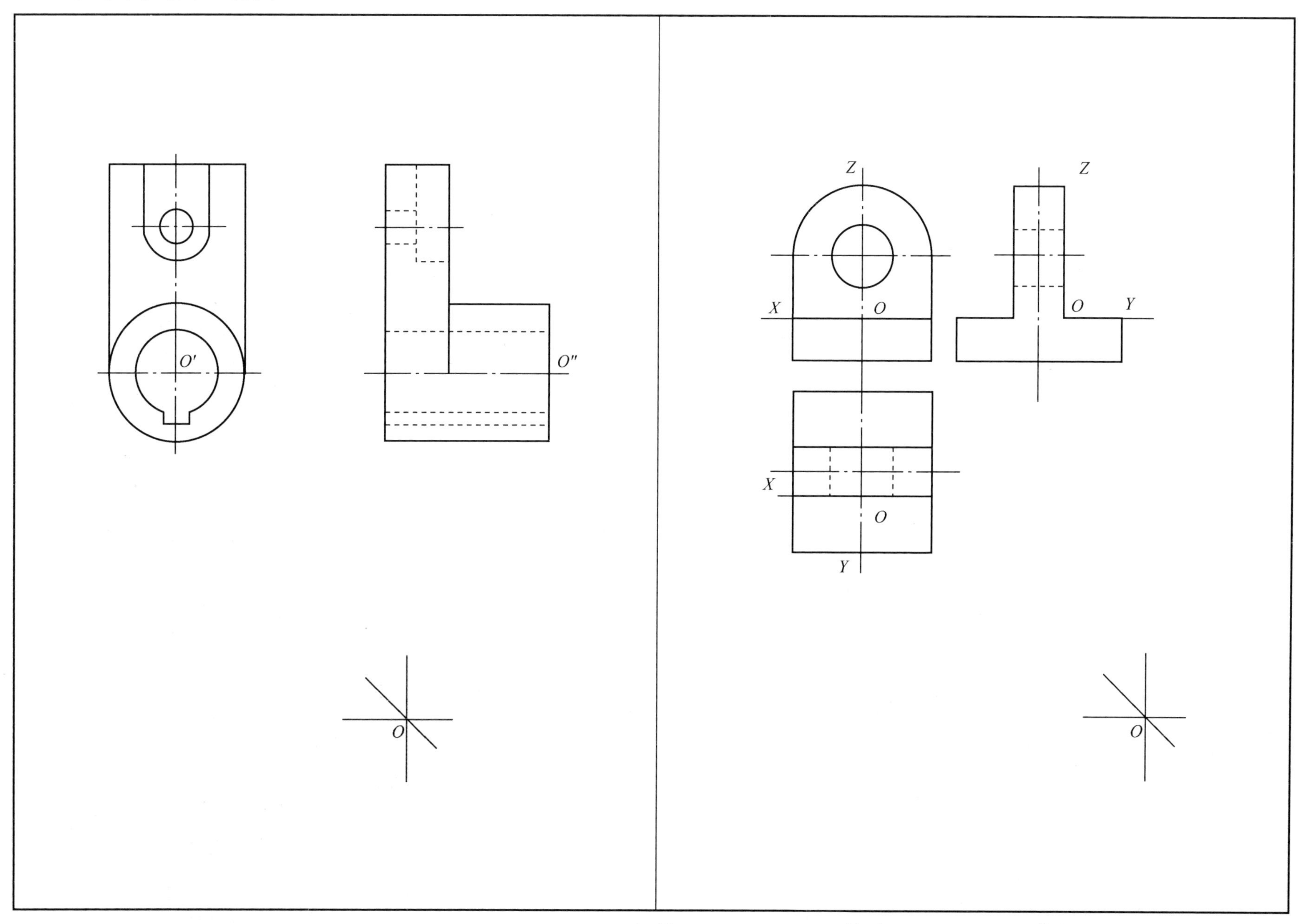

4-1 组合体

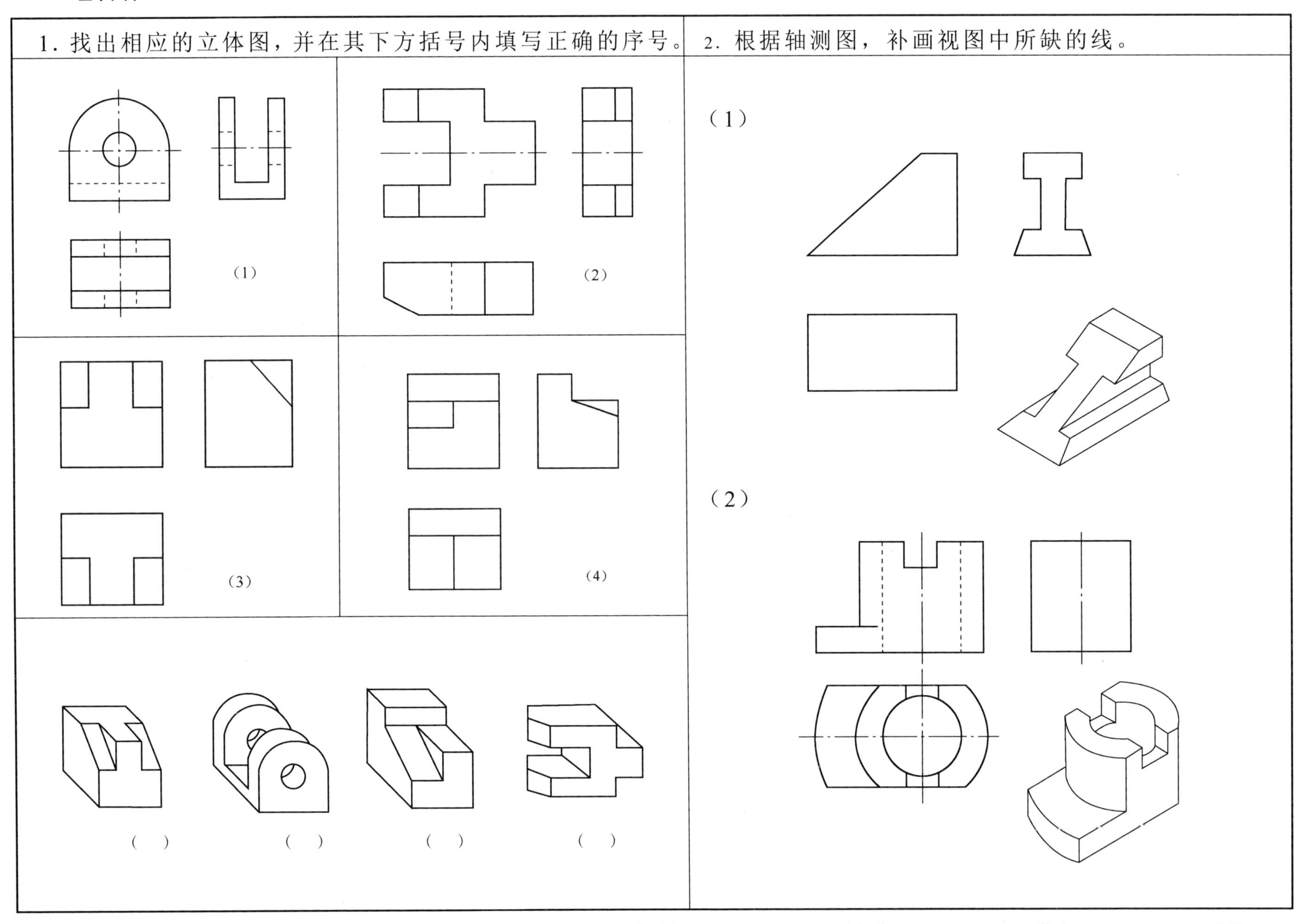

4-2 根据轴测图，补画视图中所缺的线

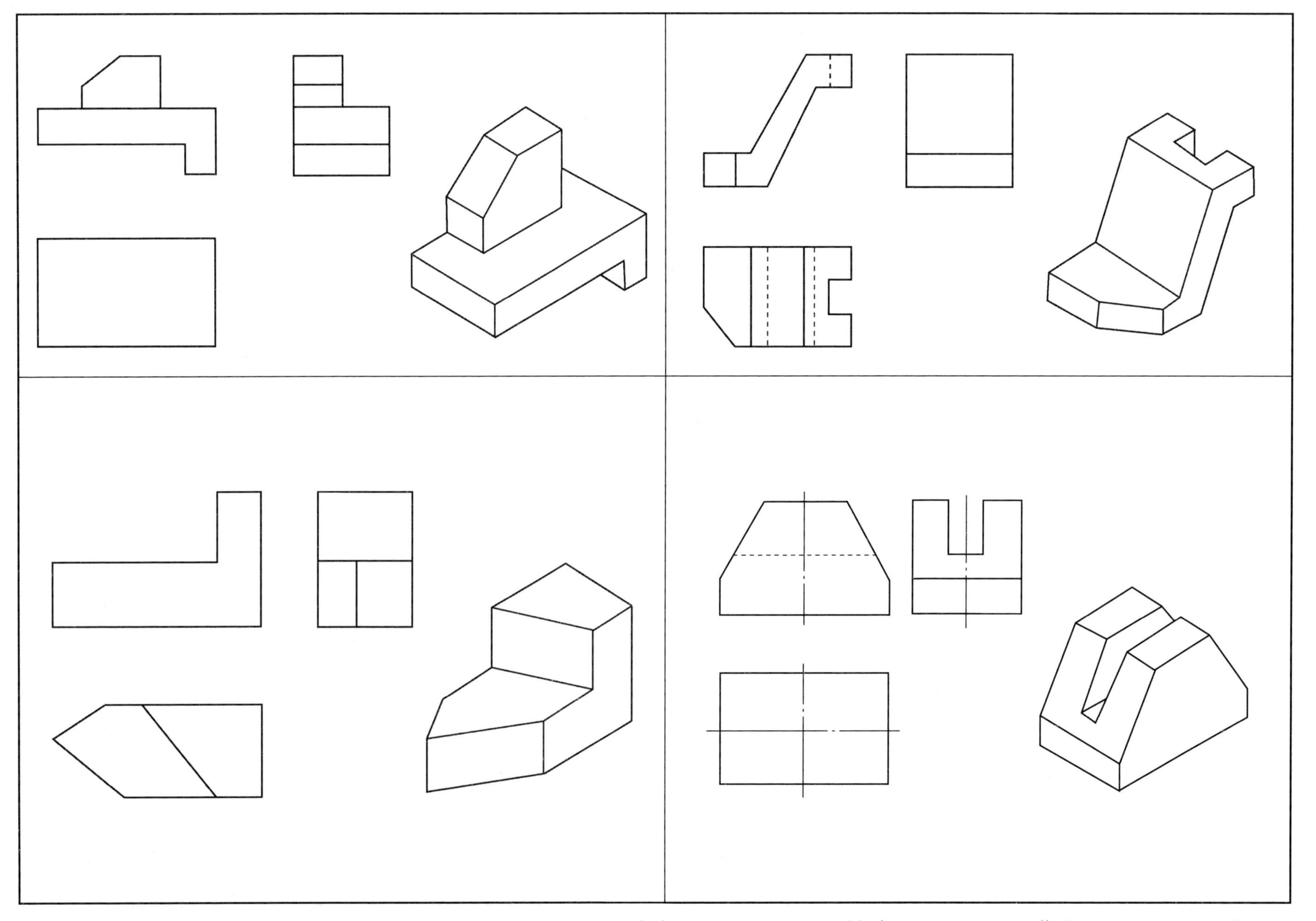

4-3 根据给出的两视图想象出物体的形状，选择正确的第三视图

1. 正确的俯视图是＿＿＿＿＿＿＿＿。

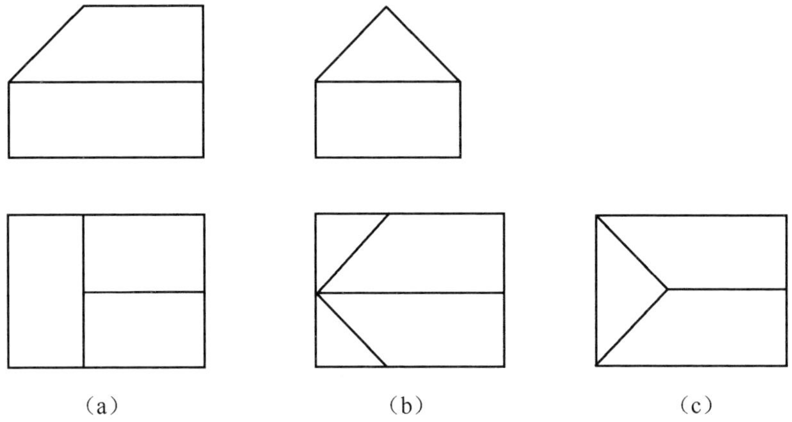

(a)　　(b)　　(c)

2. 正确的左视图是＿＿＿＿＿＿。

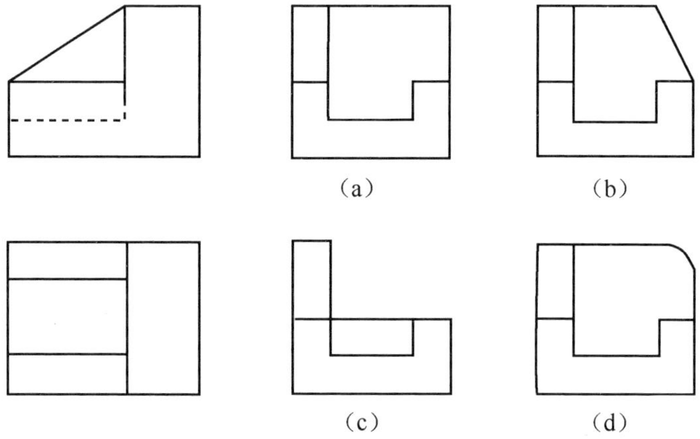

(a)　　(b)

(c)　　(d)

3. 正确的左视图是＿＿＿＿＿＿。

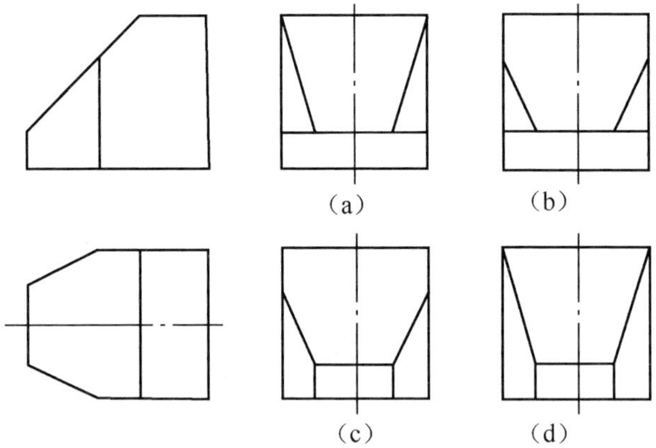

(a)　　(b)

(c)　　(d)

4. 正确的左视图是＿＿＿＿＿＿。

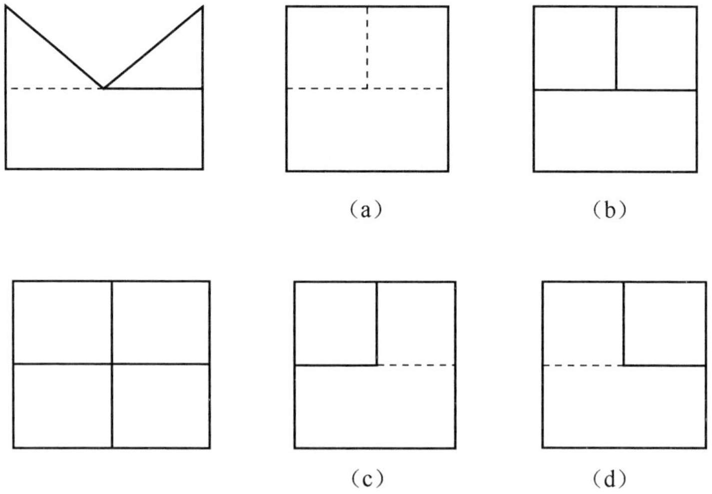

(a)　　(b)

(c)　　(d)

4-4 补画视图中所缺的图线

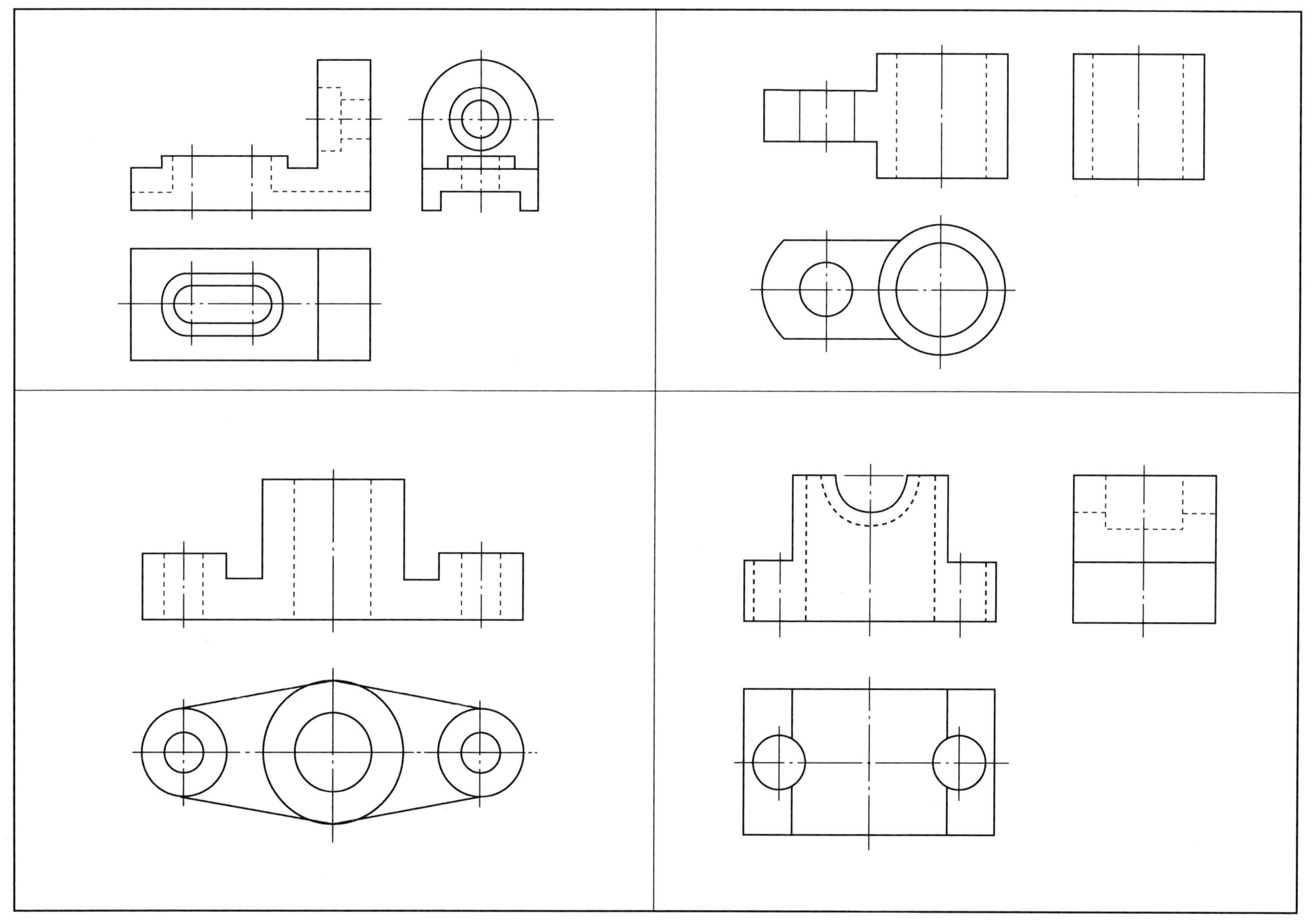

4-5 补画第三视图

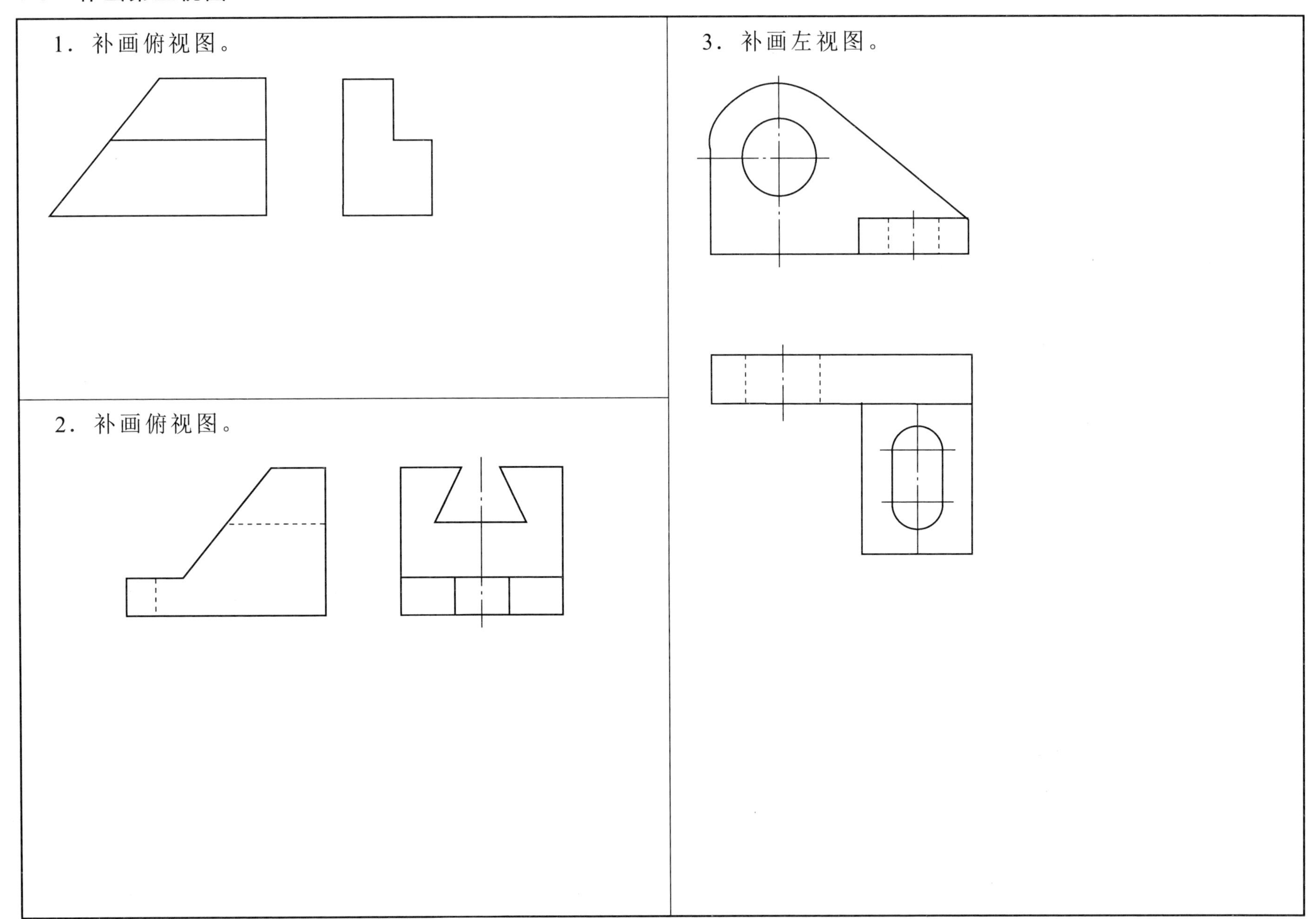

4-6 组合体的尺寸标注

1．指出下图中多余的尺寸（在上面画“×”），并填空。

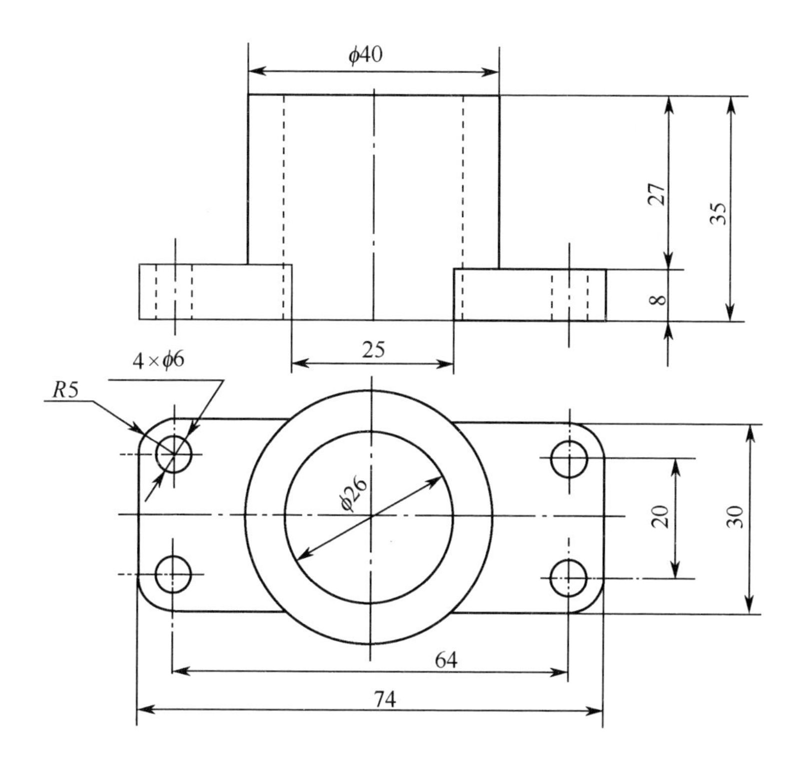

（1）长度方向的尺寸基准是______________________。

（2）宽度方向的尺寸基准是______________________。

（3）高度方向的尺寸基准是______________________。

（4）底板的定形尺寸是__________________________。

（5）4×ϕ6 圆孔的定位尺寸是______________________。

2．看懂下图中的尺寸标注，并填空。

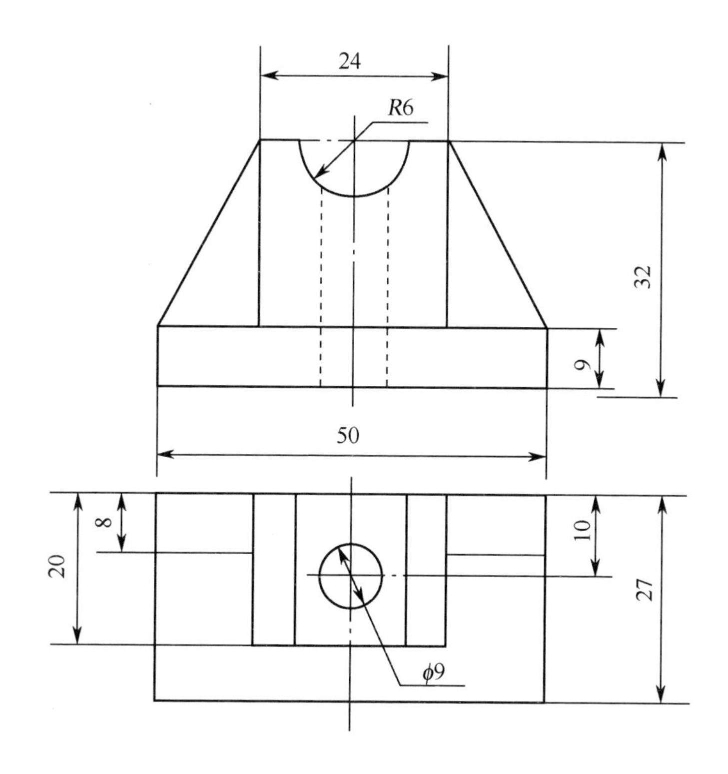

（1）长度方向的尺寸基准是______________________。

（2）宽度方向的尺寸基准是______________________。

（3）高度方向的尺寸基准是______________________。

（4）底板的定形尺寸是__________________________。

（5）ϕ9 圆孔宽度方向的定位尺寸是__________________。

（6）R6 半圆槽高度方向的定位尺寸是________________。

4-7 给组合体标注尺寸（尺寸数值从原图上量取）

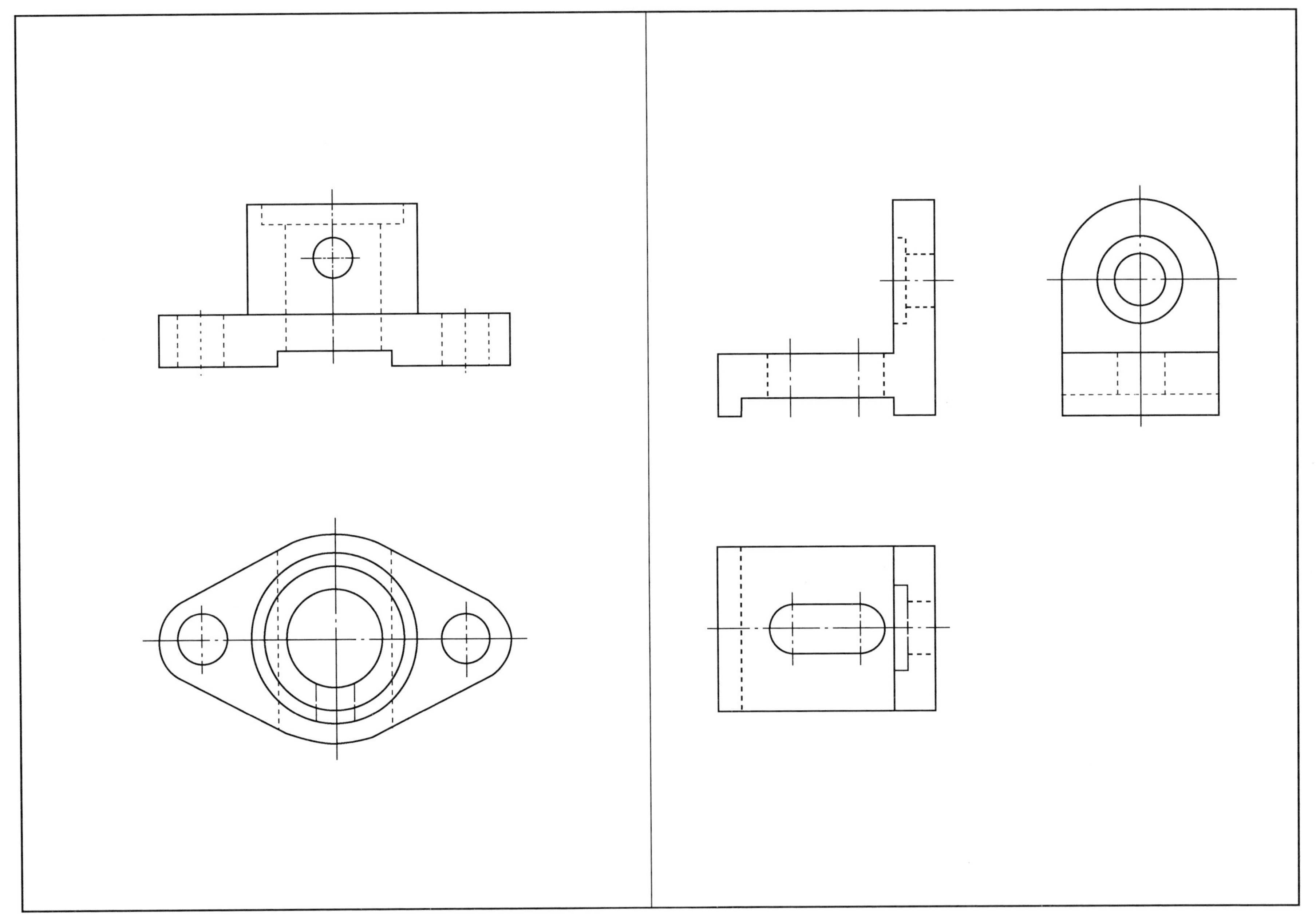

4-8 根据轴测图画三视图，并标注尺寸

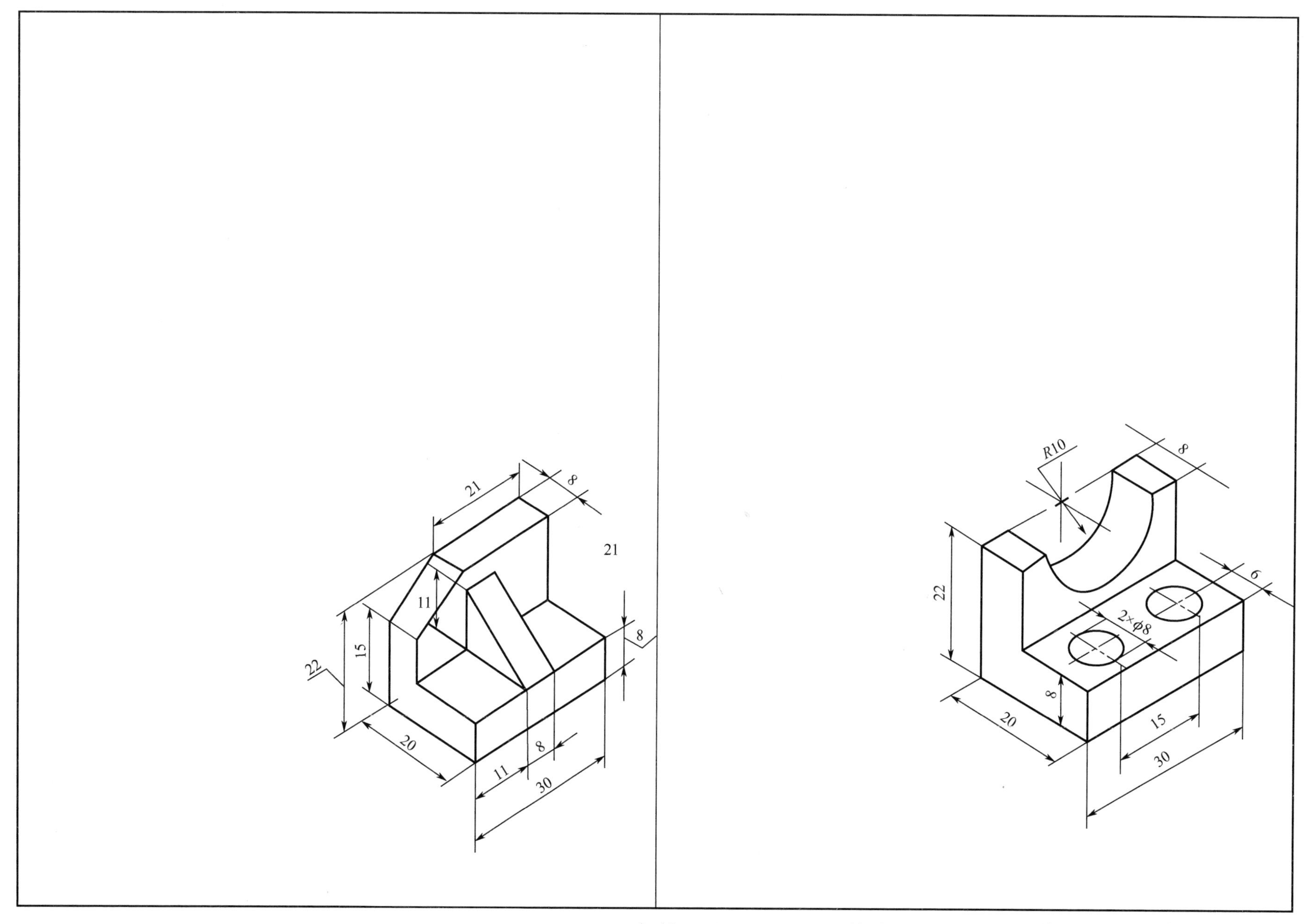

1．根据两视图，画出 *A* 向斜视图和 *B* 向局部视图。

2．根据立体图和主视图，画出斜视图和局部视图。

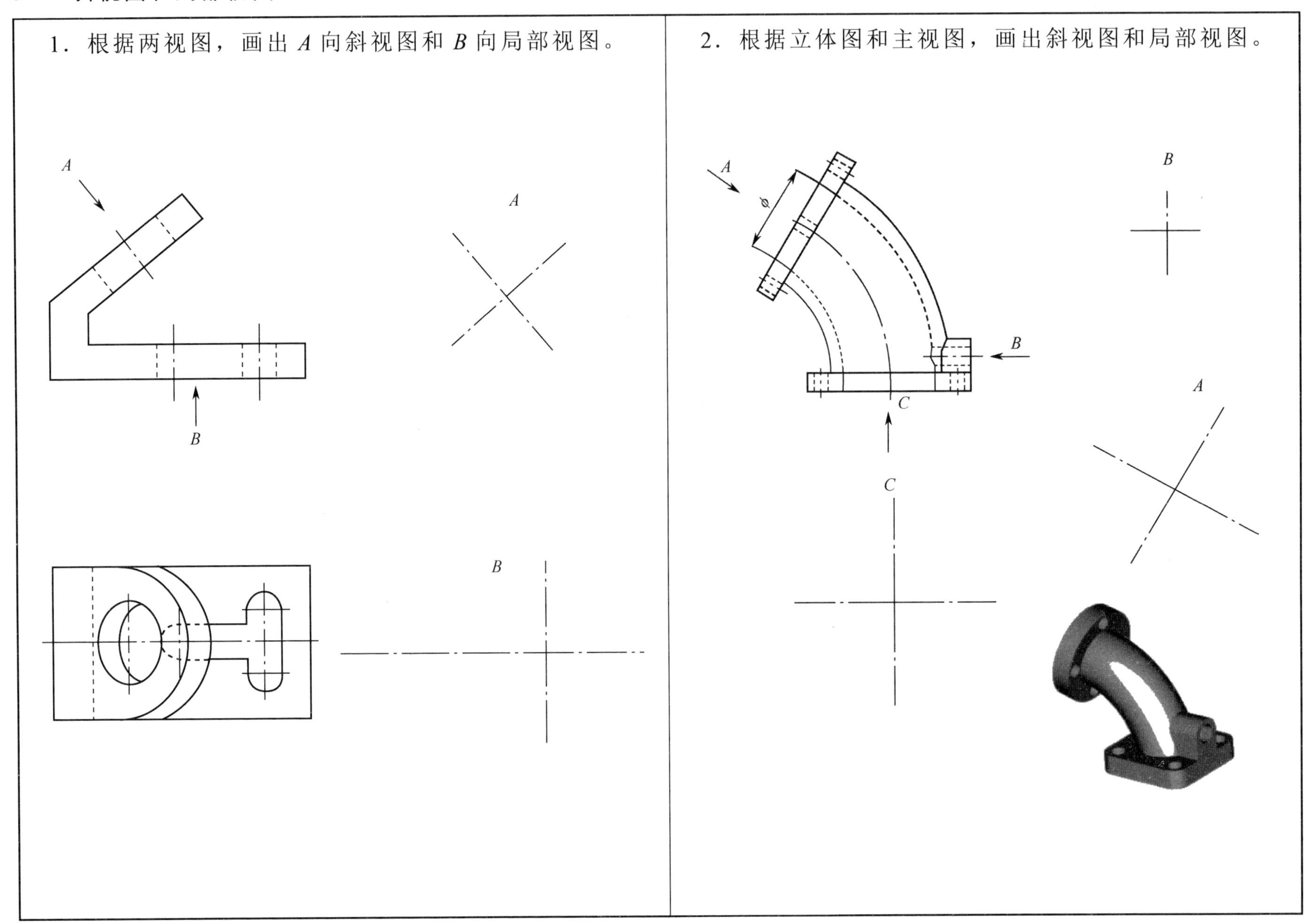

5-2 全剖视图

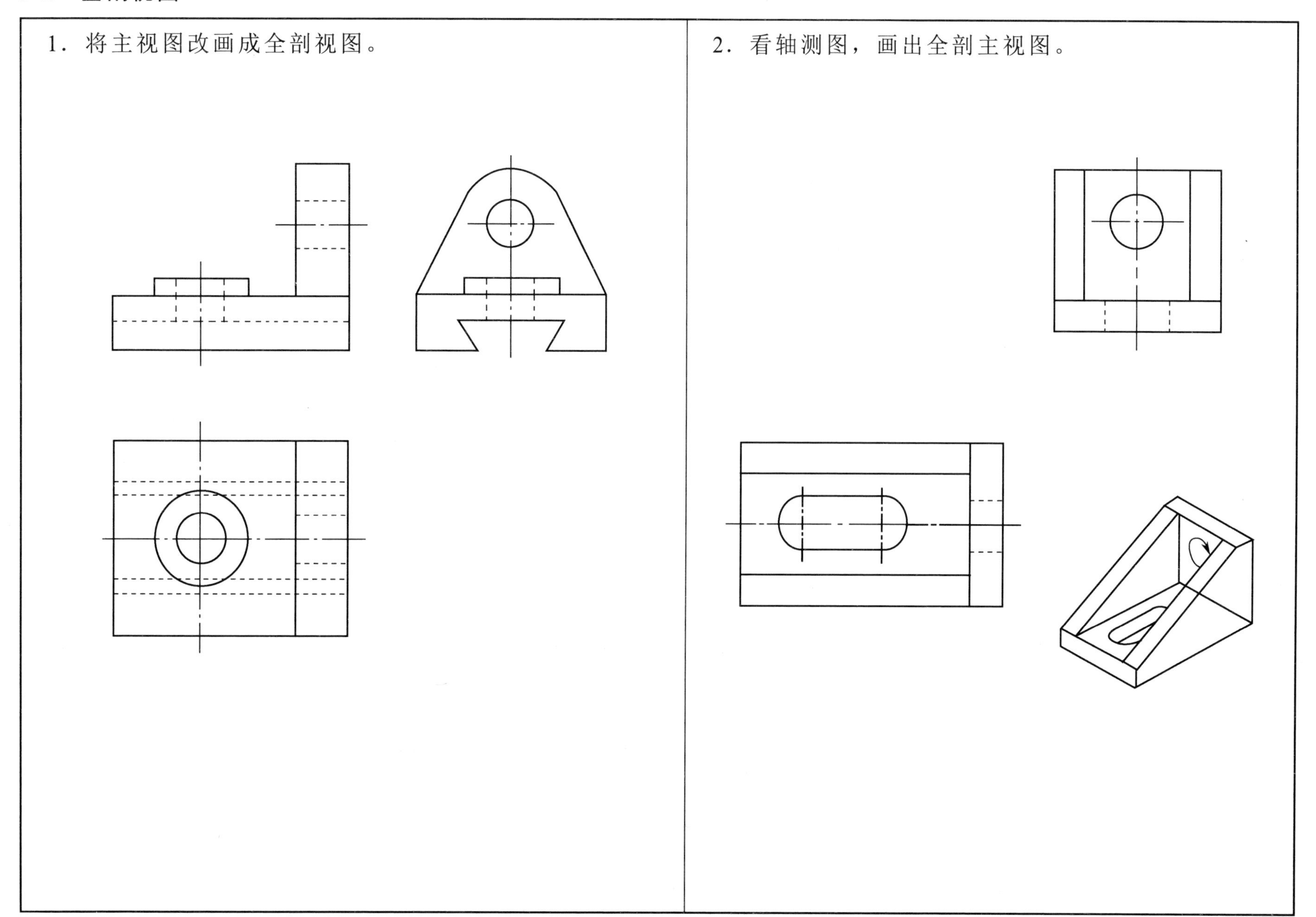

5-3 半剖视图

1. 在主视图上作半剖视图。

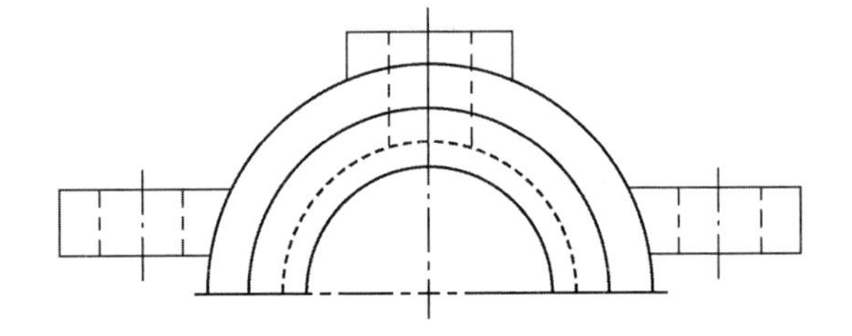

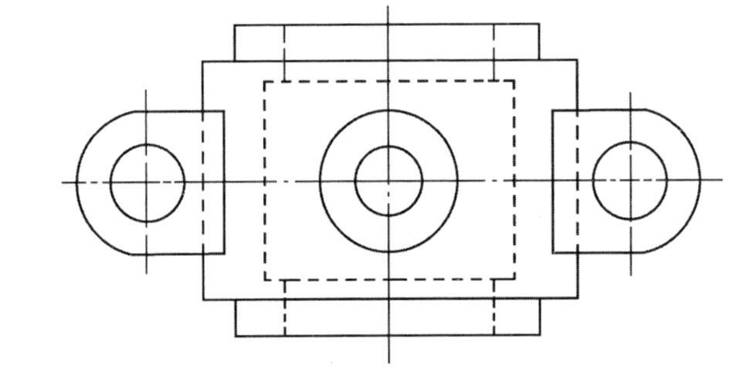

2. 将主视图改画成半剖视图。

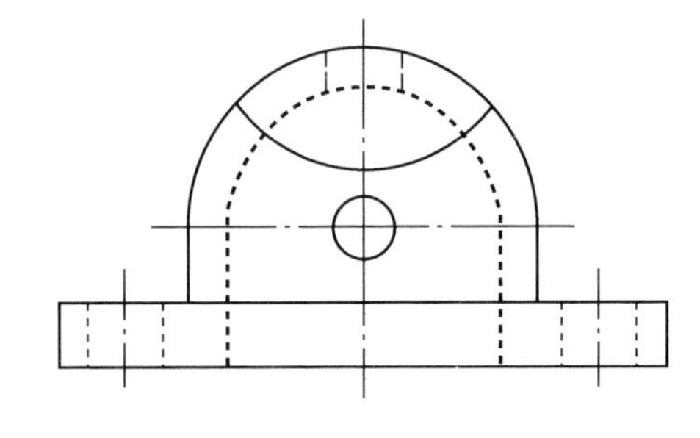

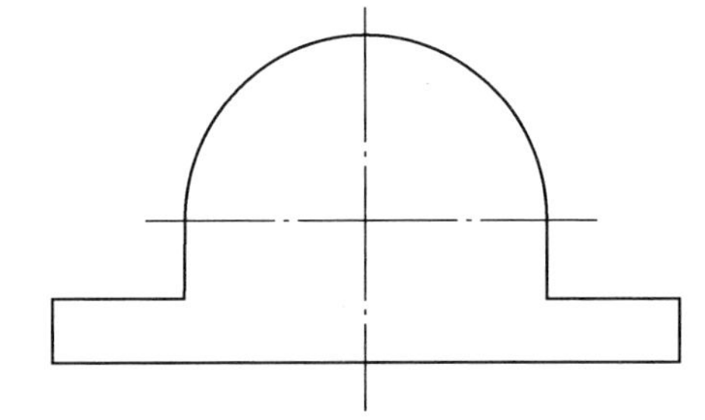

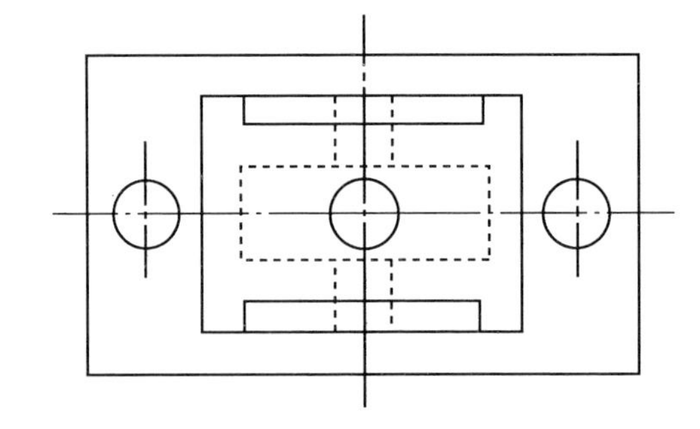

5-4 局部剖视图

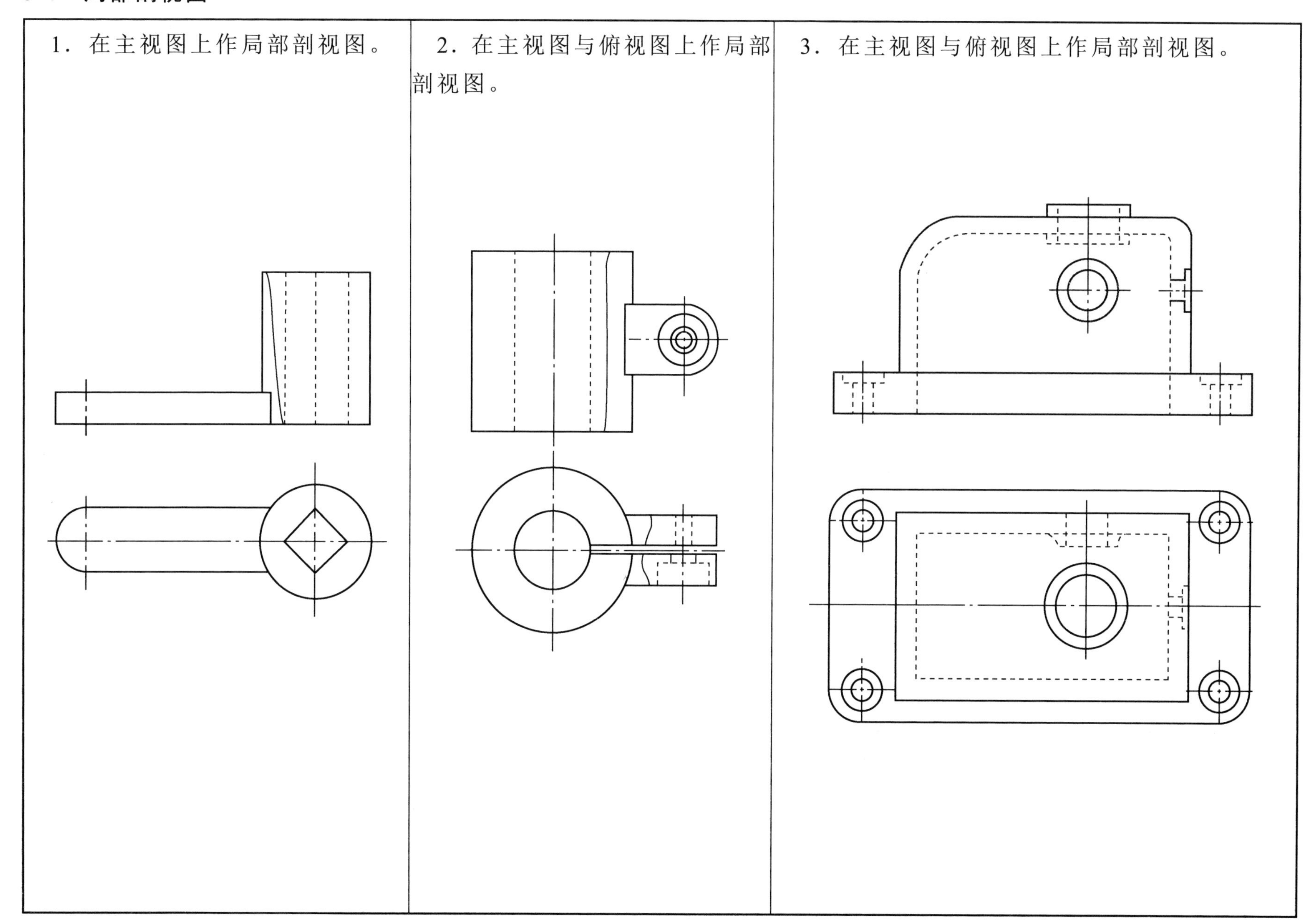

5-5 剖切方法

1．选择正确的剖切方法剖切主视图。

2．用相交的剖切面剖开机件，在指定位置将主视图画成全剖视图。

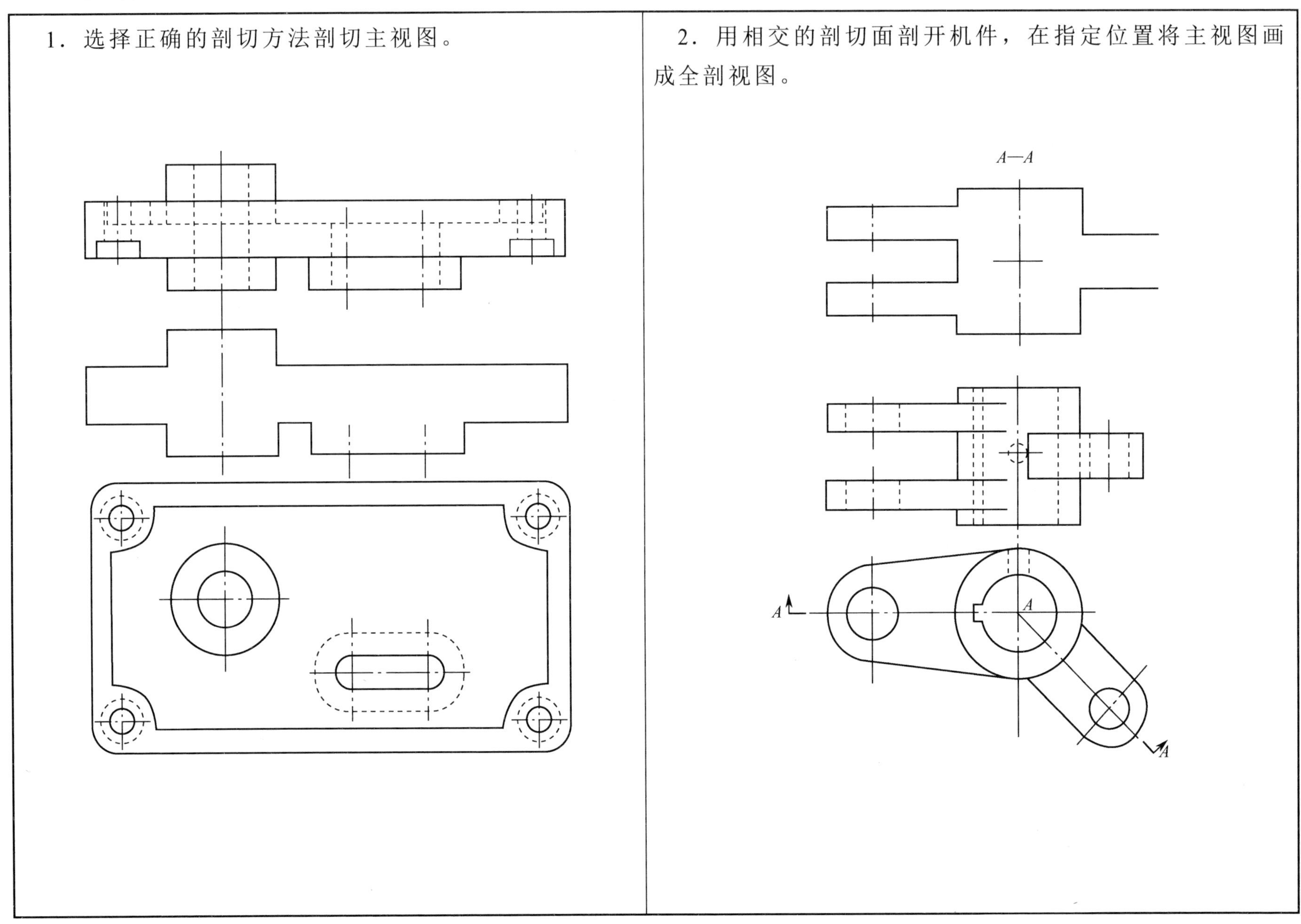

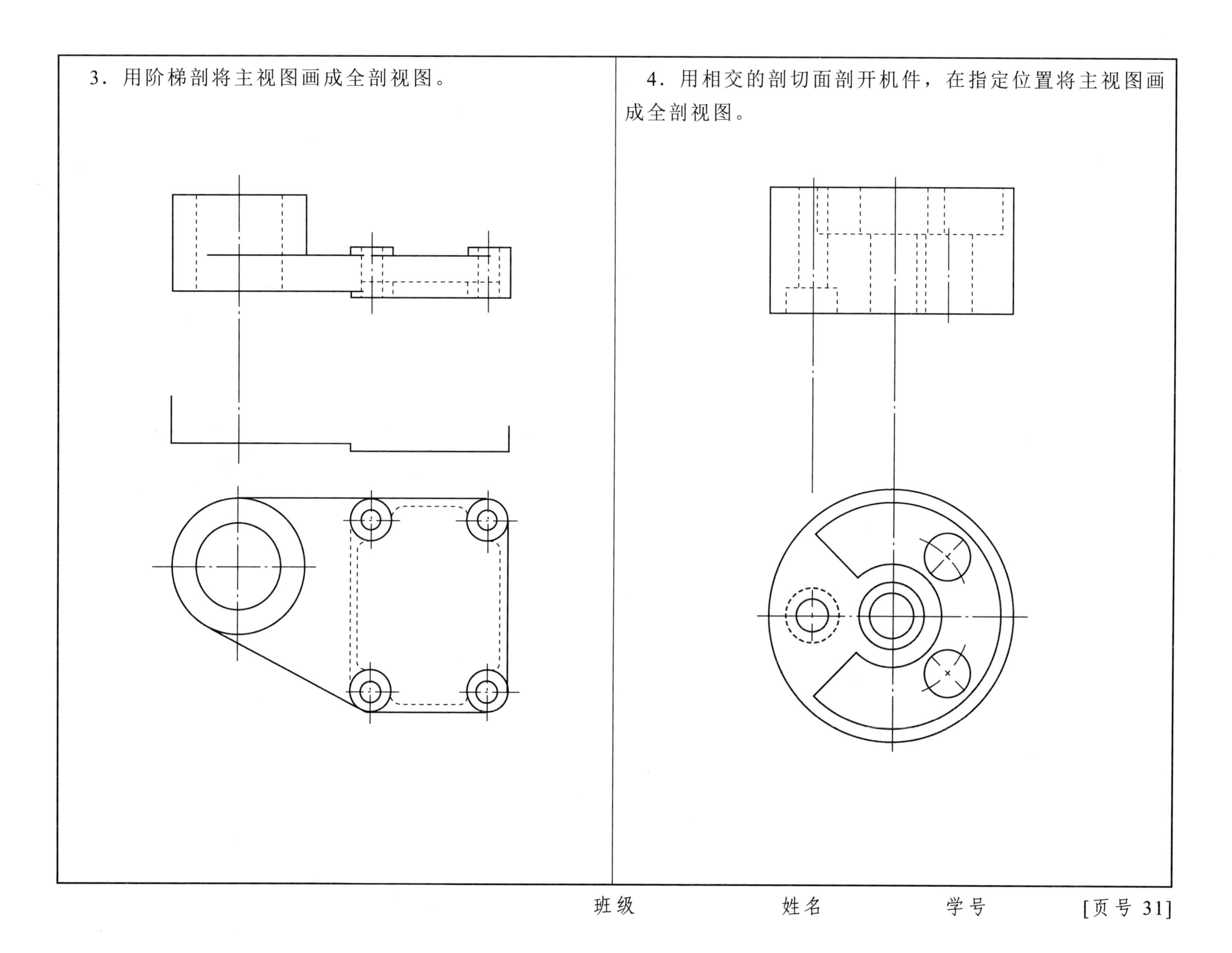
3．用阶梯剖将主视图画成全剖视图。
4．用相交的剖切面剖开机件，在指定位置将主视图画成全剖视图。

5. 用阶梯剖将主视图画成全剖视图。

6. 根据视图画出适当的剖视图。

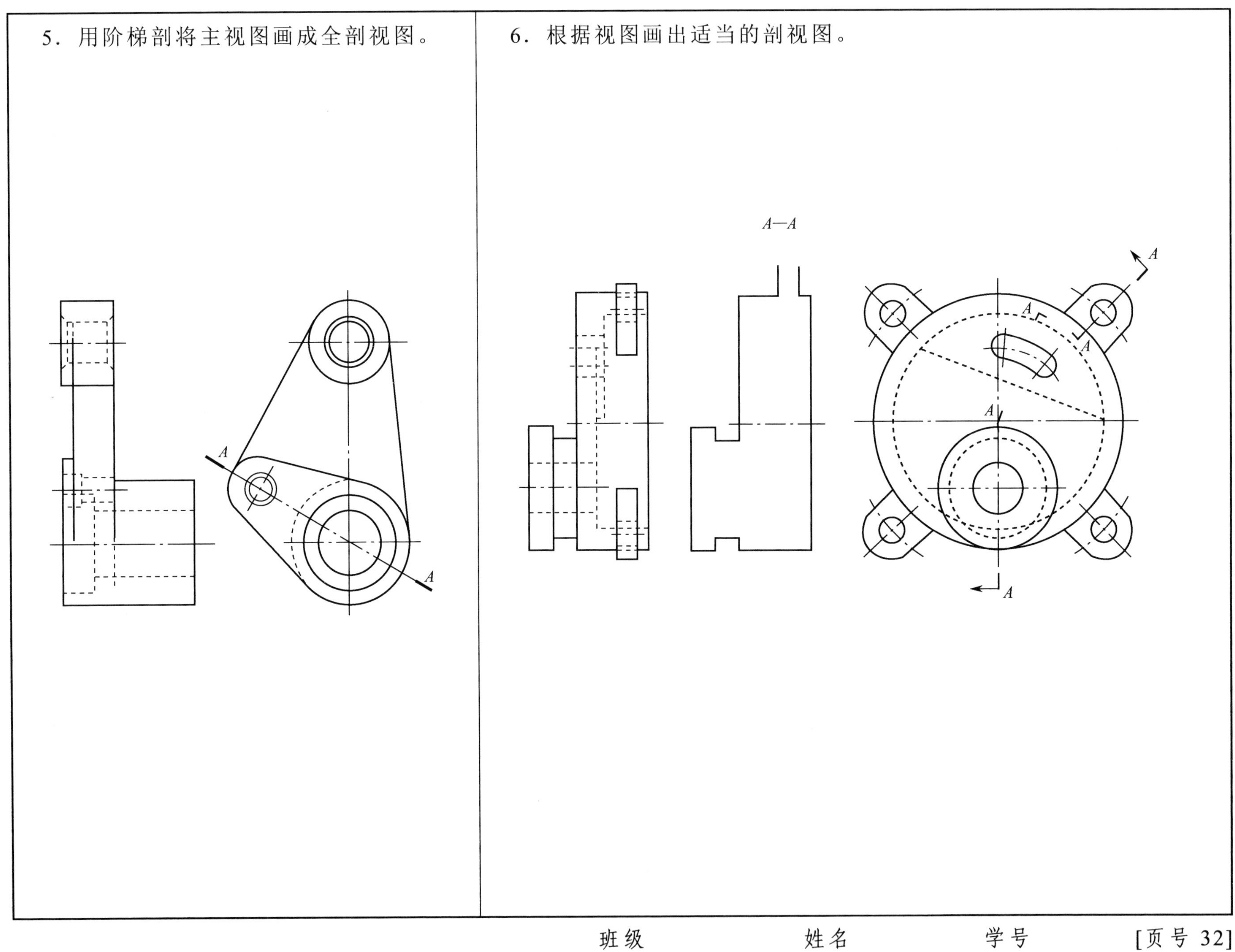

5-6 断面图

1．指出下列哪些断面图是正确的。（　　）

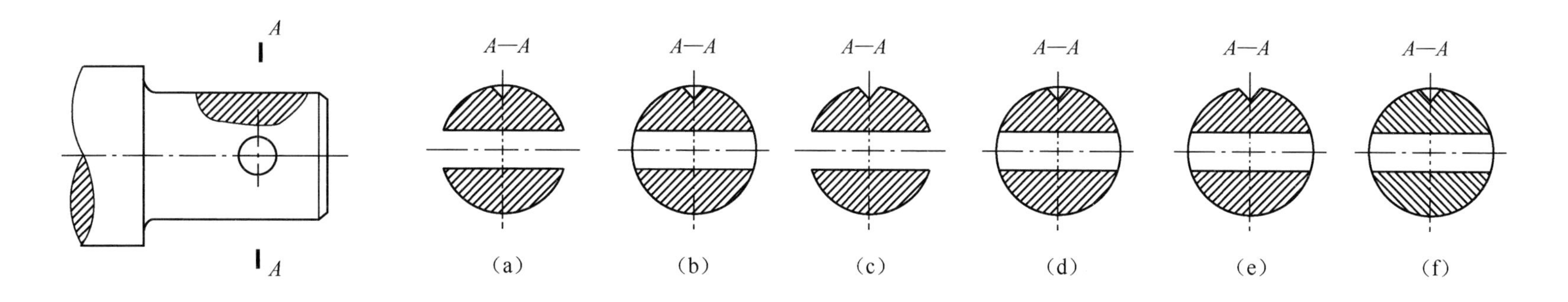

2．在轴端销孔和中间键槽两处作移出断面图。

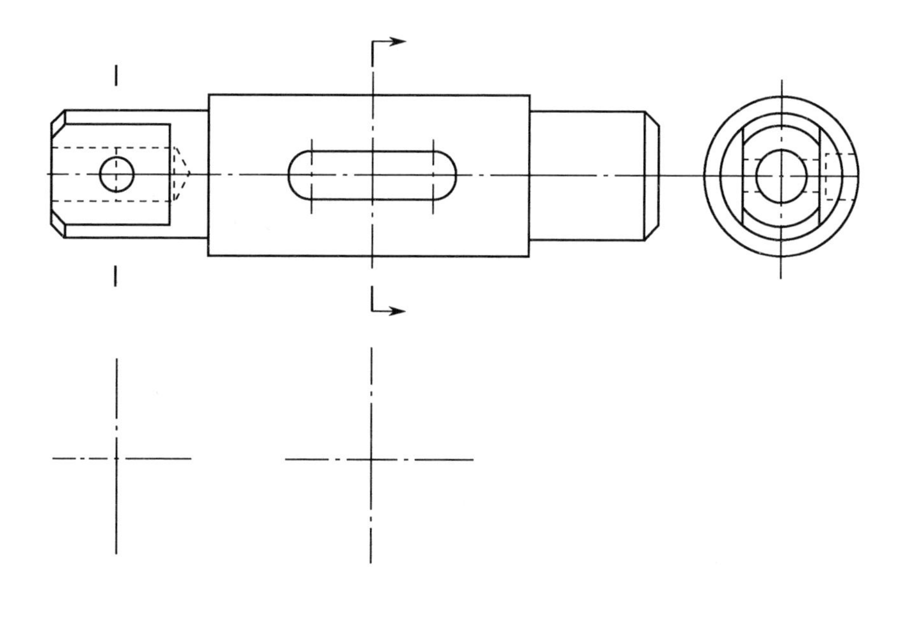

3. 在杆件中部作十字筋的重合断面图（注意剖面线的方向）。

4. 改正下列图中画法及标注的错误（不要的线打“×”）。

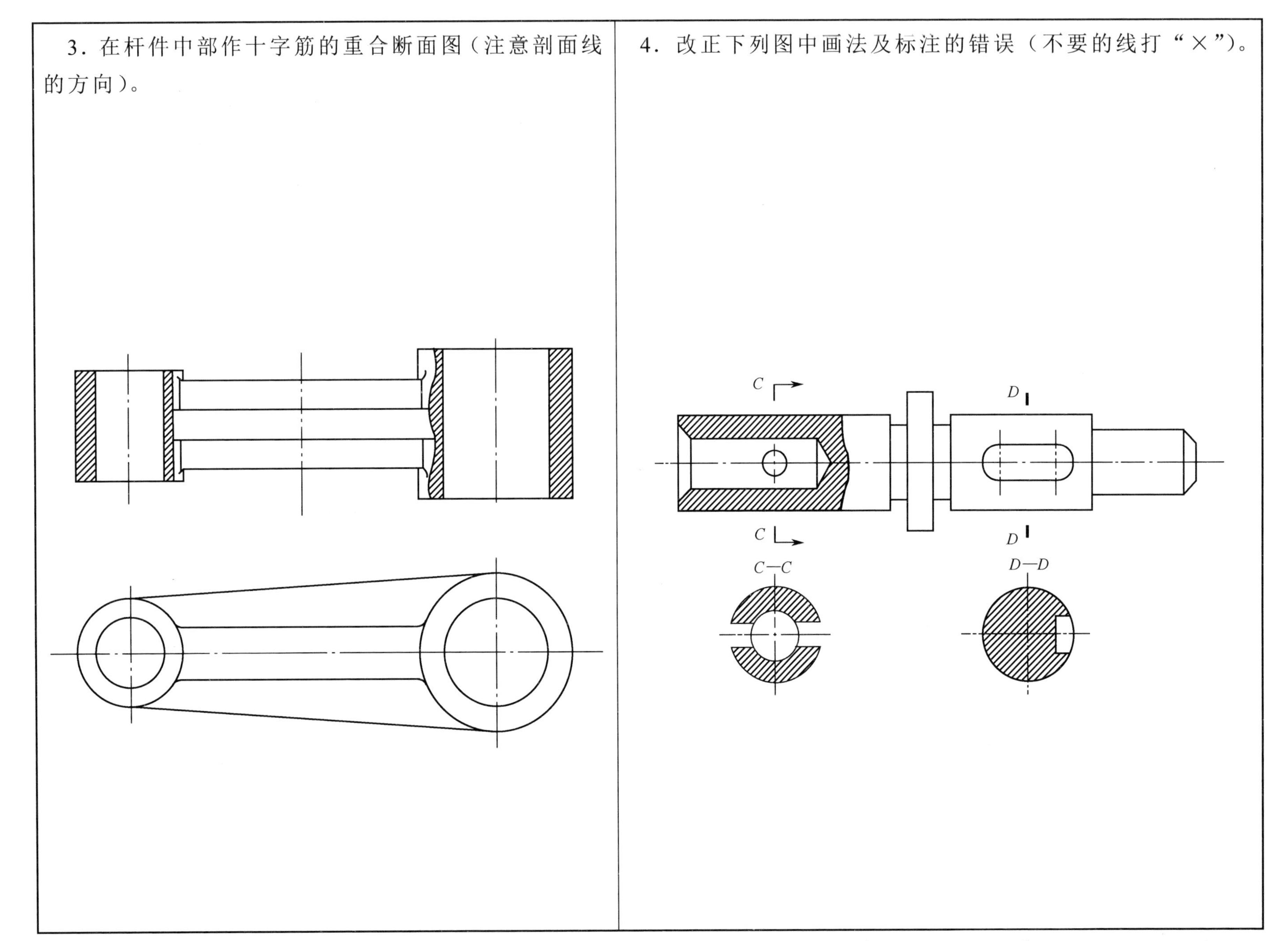

1. 看懂铸件的一个视图，找出图中尺寸标注不合理的地方，在原图上打"×"，并在下方的图中改正。

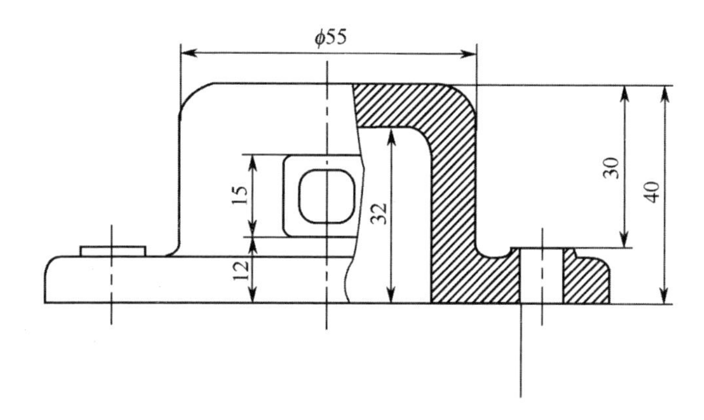

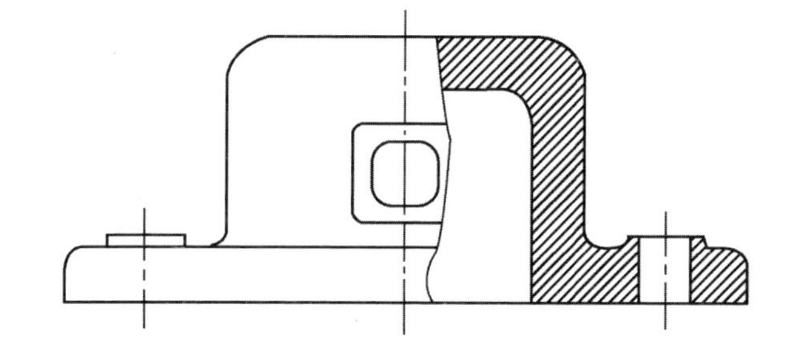

2. 看懂退刀槽的尺寸，标注正确的有（　　　　　）。

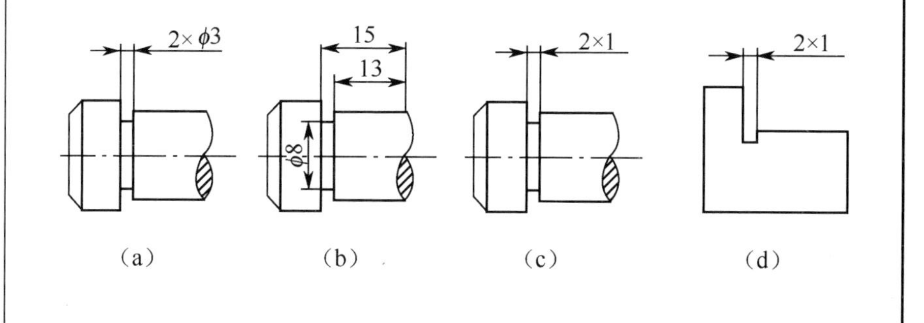

3. 对下列圆角、倒角、通孔结构进行标注。

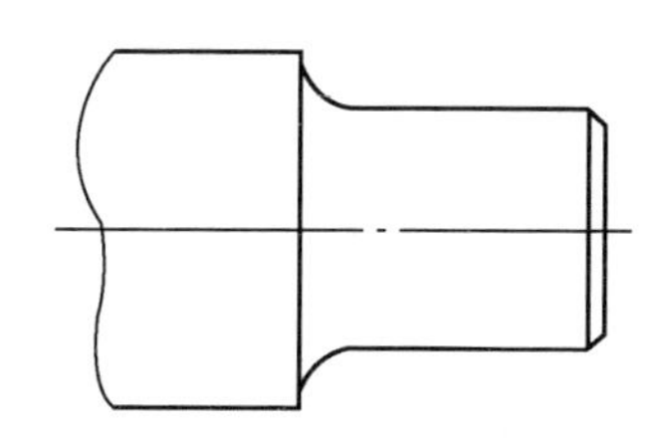

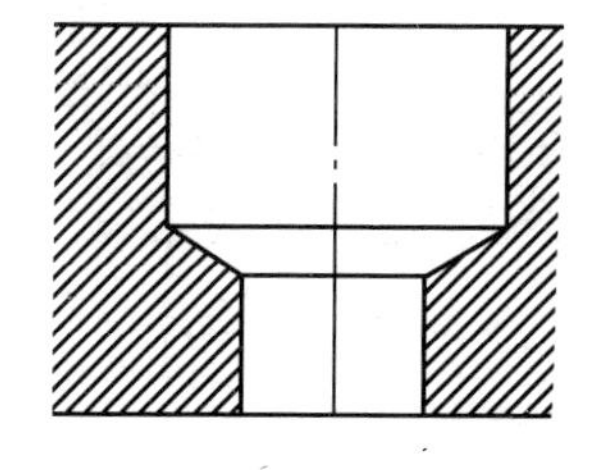

1．查表确定下列公差的极限偏差。

ϕ25F6 ϕ60e9

ϕ120js7 ϕ100m5

ϕ30h6 ϕ80H9

ϕ45N6 ϕ40S7

2．根据表中已给的数据进行计算并填空。

公称尺寸	实际尺寸	极限尺寸		极限偏差		公差	合格与否
		上	下	上	下		
ϕ30	29.95				-0.041	0.021	
ϕ40	39.85	40.041				0.016	
ϕ60	59.9	59.97					
ϕ70	70.15				0	0.049	

3．标注轴和孔的公称尺寸和上、下极限偏差值，并填空。

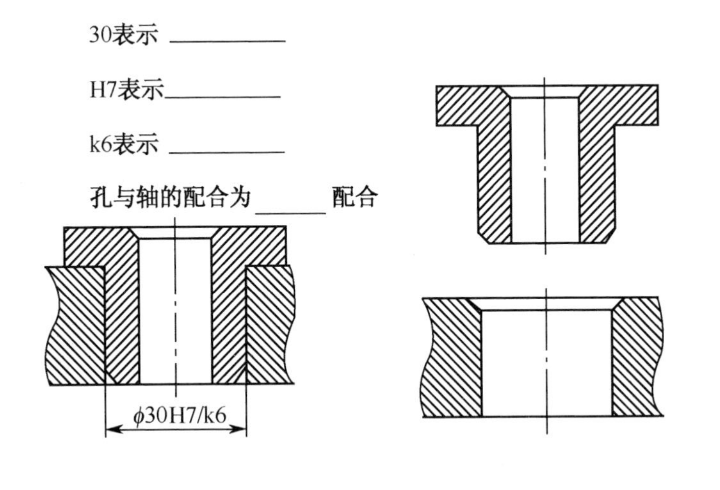

4．已知孔和轴的公称尺寸为 20，采用基轴制配合，轴的公差等级为 IT7，孔的基本偏差代号为 F，公差等级为 IT8。在相应的零件图上注出公称尺寸、公差带代号和偏差数值，在装配图中注出公称尺寸和配合代号。

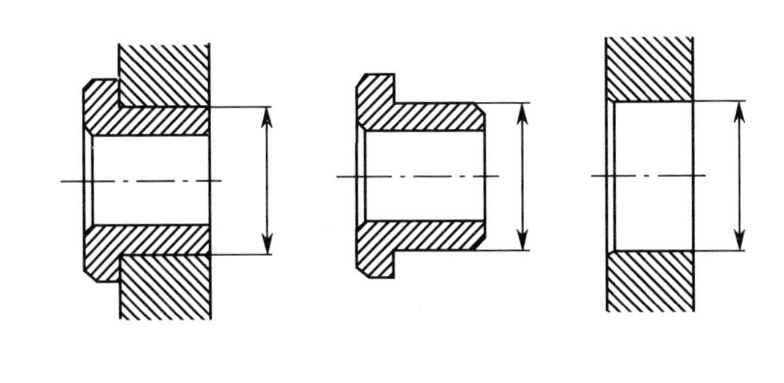

6-3　零件图的几何公差

1．*A* 面相对于 *B* 面的平行度公差为 0.02mm，请在图上注出相关代号。

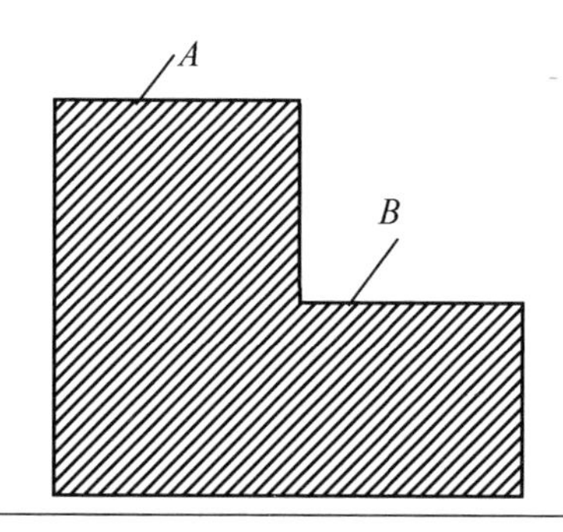

2．左、右端轴径 ϕ15 的同轴度公差为 0.01mm，请在图上标出相关代号。

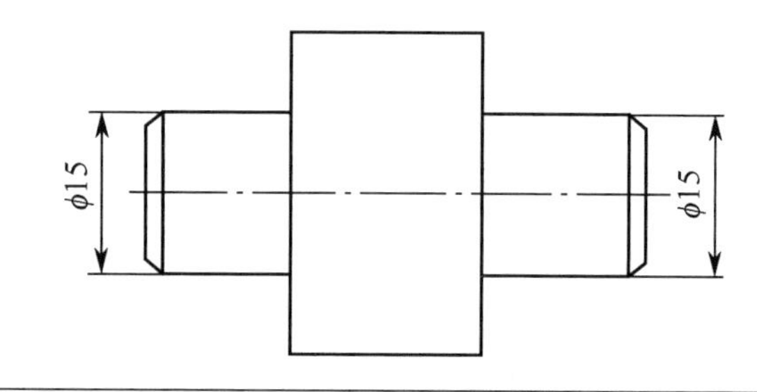

3．端面 *A* 对 ϕ18 的轴线的垂直度公差为 0.02mm，请在图上注出相关代号。

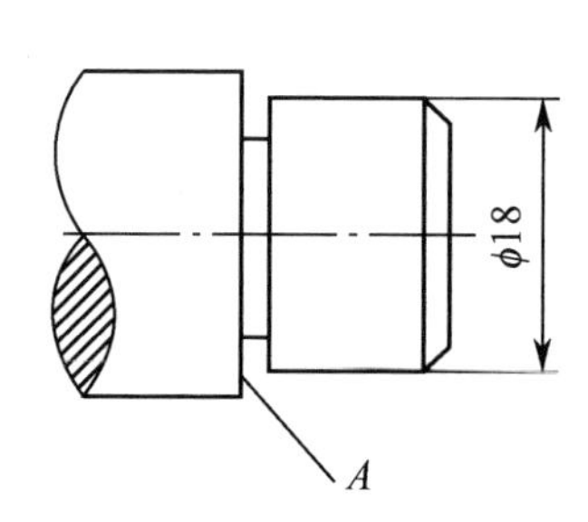

4．ϕ18 轴线的直线度公差为 0.03mm，请在图上注出相关代号。

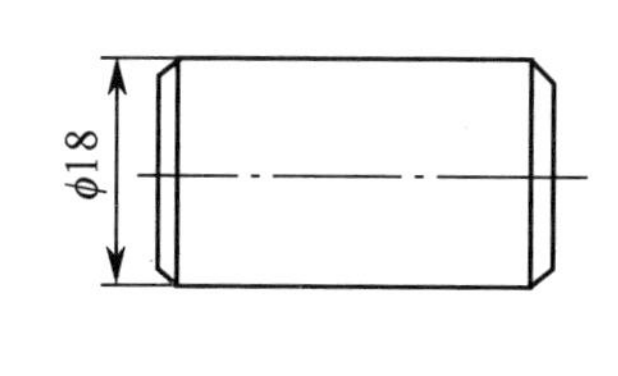

5．在图上注出以下几何公差代号。

（1）ϕ25h6 圆柱的轴线对 ϕ18H7 圆孔轴线的同轴度公差为 ϕ0.02mm。

（2）右端面 *A* 对 ϕ18H7 圆孔轴线的垂直度公差为 0.04mm。

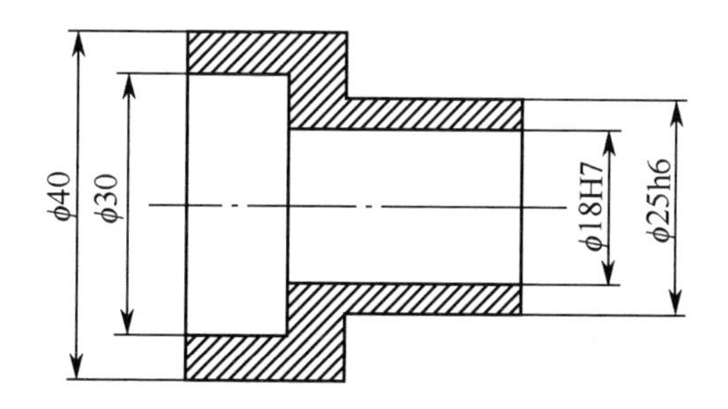

6-4 用文字说明几何公差代号的含义

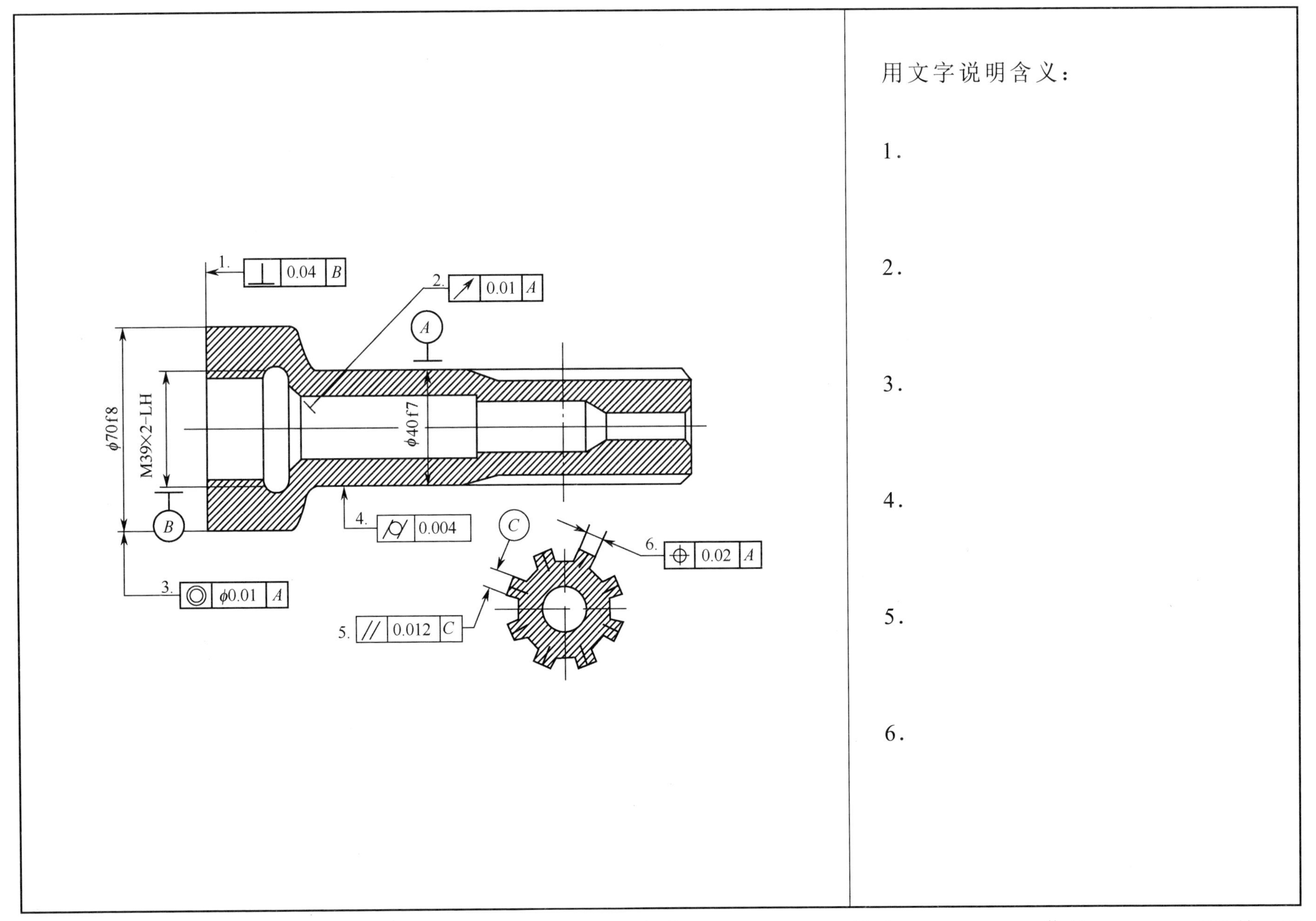

用文字说明含义：

1.

2.

3.

4.

5.

6.

6-5 粗糙度

1．将右侧表面粗糙度符号或代号标注在图中相应的表面上。

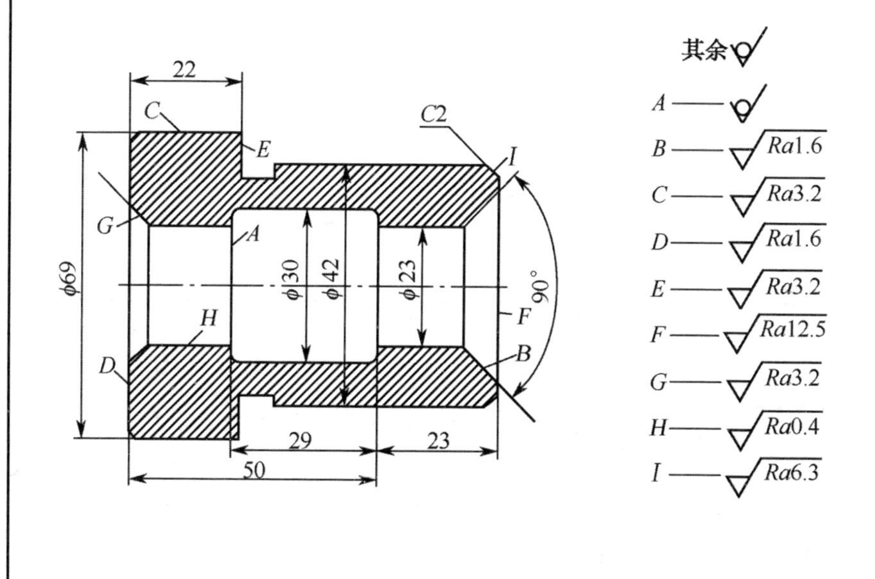

2．分析上方图中表面粗糙度标注中的错误，在下方的图中按规定重新标注。

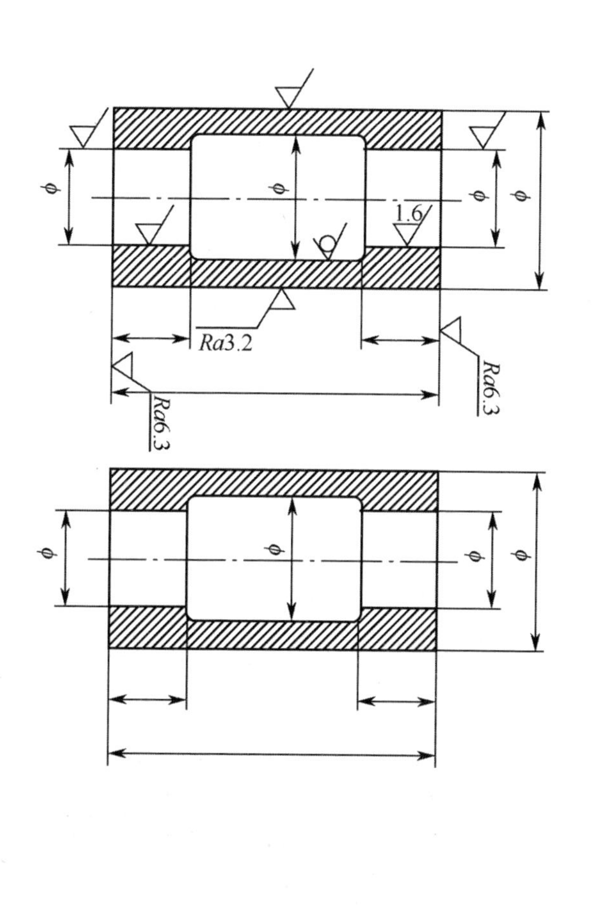

6-6 读齿轮轴零件图，在指定位置补画断面图，并完成填空题

模数	m	2
齿数	z	18
压力角	α	20
精度等级	8-7-7-Dc	

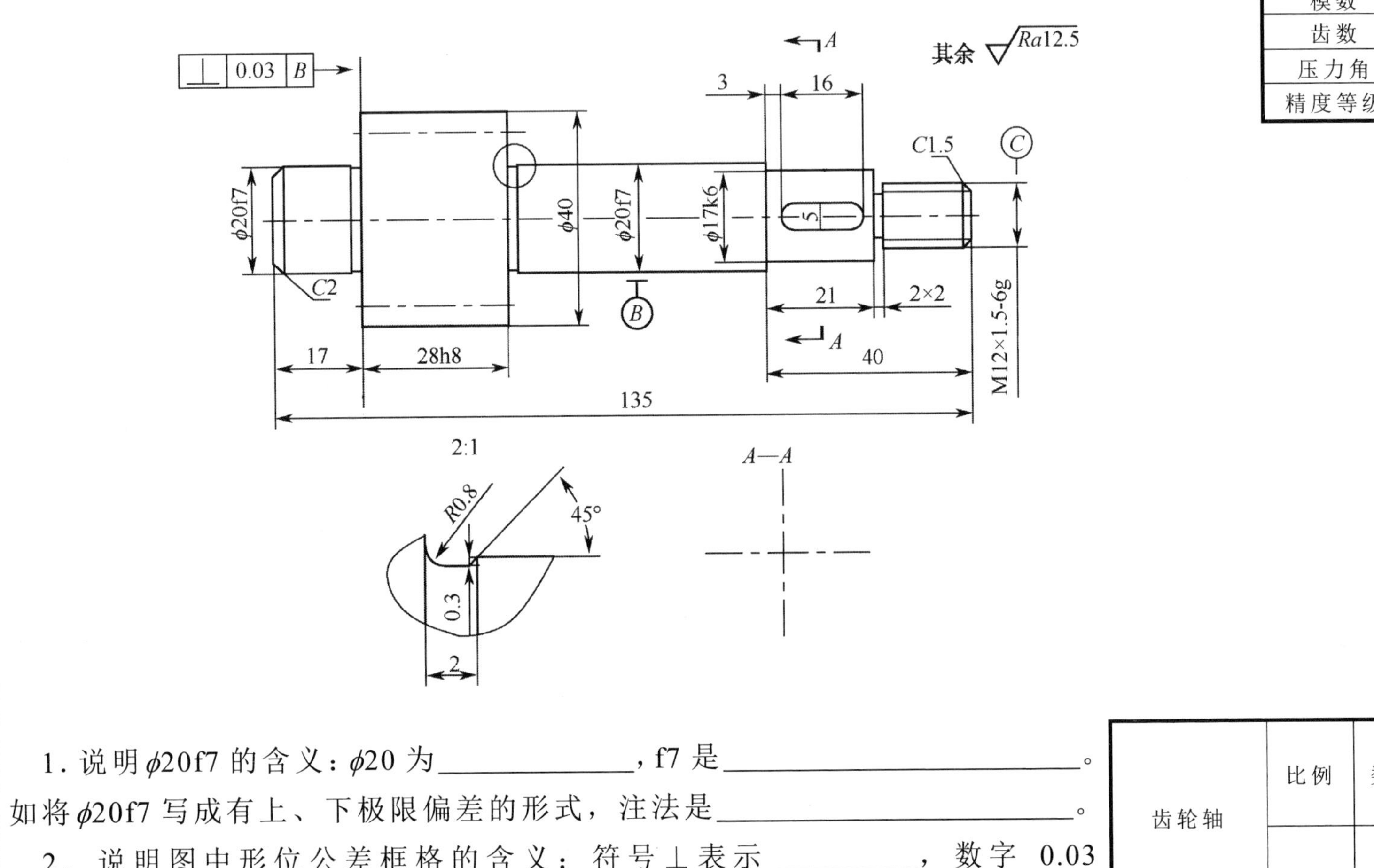

1. 说明ϕ20f7 的含义：ϕ20 为____________，f7 是____________________。如将ϕ20f7 写成有上、下极限偏差的形式，注法是____________________。

2. 说明图中形位公差框格的含义：符号⊥表示________，数字 0.03 是________，B 是________。

3. 指出图中的工艺结构：有__________处倒角，其尺寸分别为__________；有____________处退刀槽，其尺寸为________________。

4. 在图上补画 A—A 断面图。

齿轮轴	比例	数量	材料	（图号）
			45	
制图			（校名）	
校核				

6-7　读套筒零件图，并完成填空题

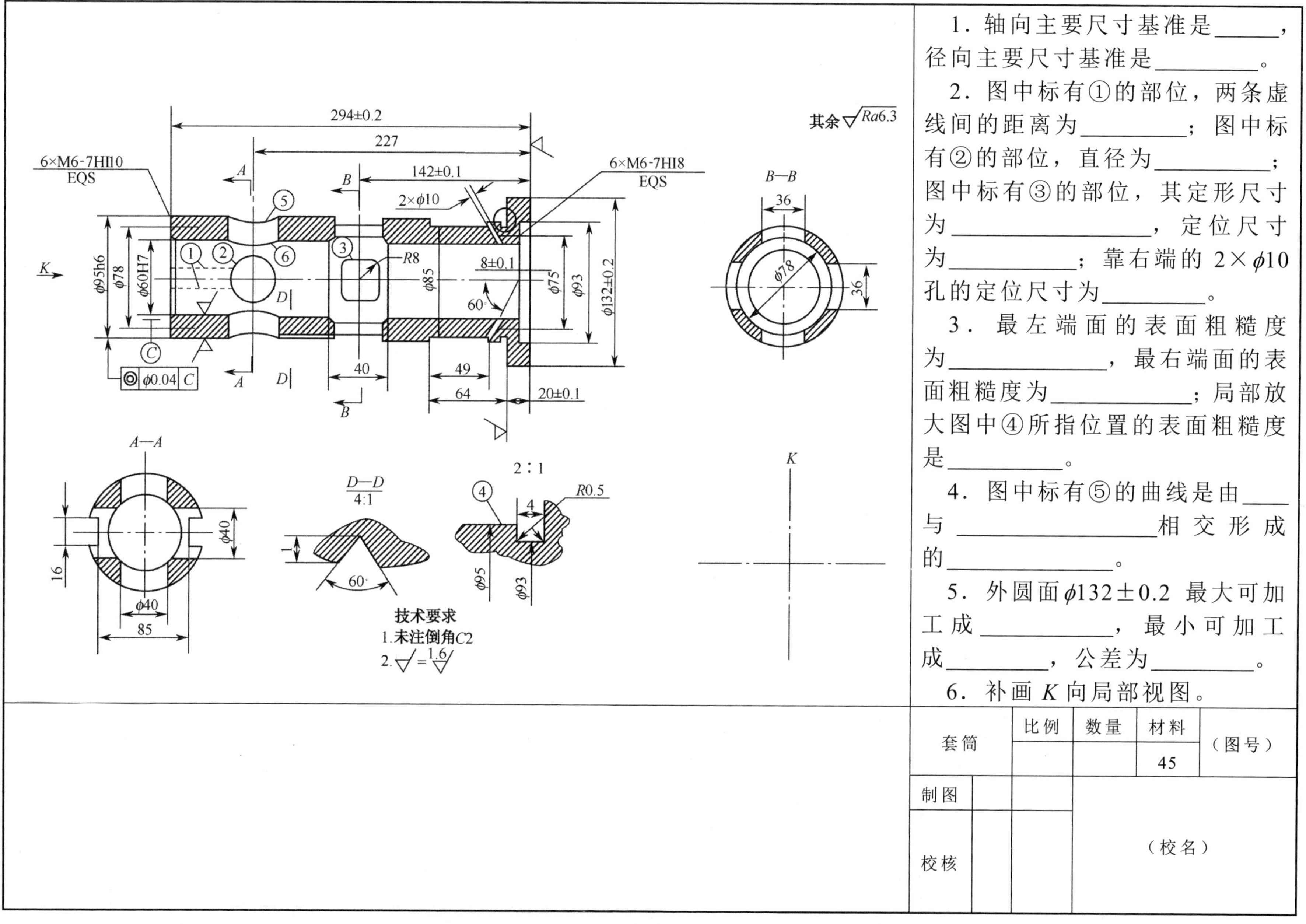

1．轴向主要尺寸基准是______，径向主要尺寸基准是__________。

2．图中标有①的部位，两条虚线间的距离为__________；图中标有②的部位，直径为___________；图中标有③的部位，其定形尺寸为_________________，定位尺寸为____________；靠右端的 $2\times\phi10$ 孔的定位尺寸为___________。

3．最左端面的表面粗糙度为______________，最右端面的表面粗糙度为_____________；局部放大图中④所指位置的表面粗糙度是__________。

4．图中标有⑤的曲线是由____与_________________相交形成的________________。

5．外圆面 $\phi132\pm0.2$ 最大可加工成_____________，最小可加工成_________，公差为__________。

6．补画 K 向局部视图。

套筒	比例	数量	材料	（图号）
			45	
制图			（校名）	
校核				

6-8 读端盖零件图，在指定位置补画 C 向视图，并完成填空题

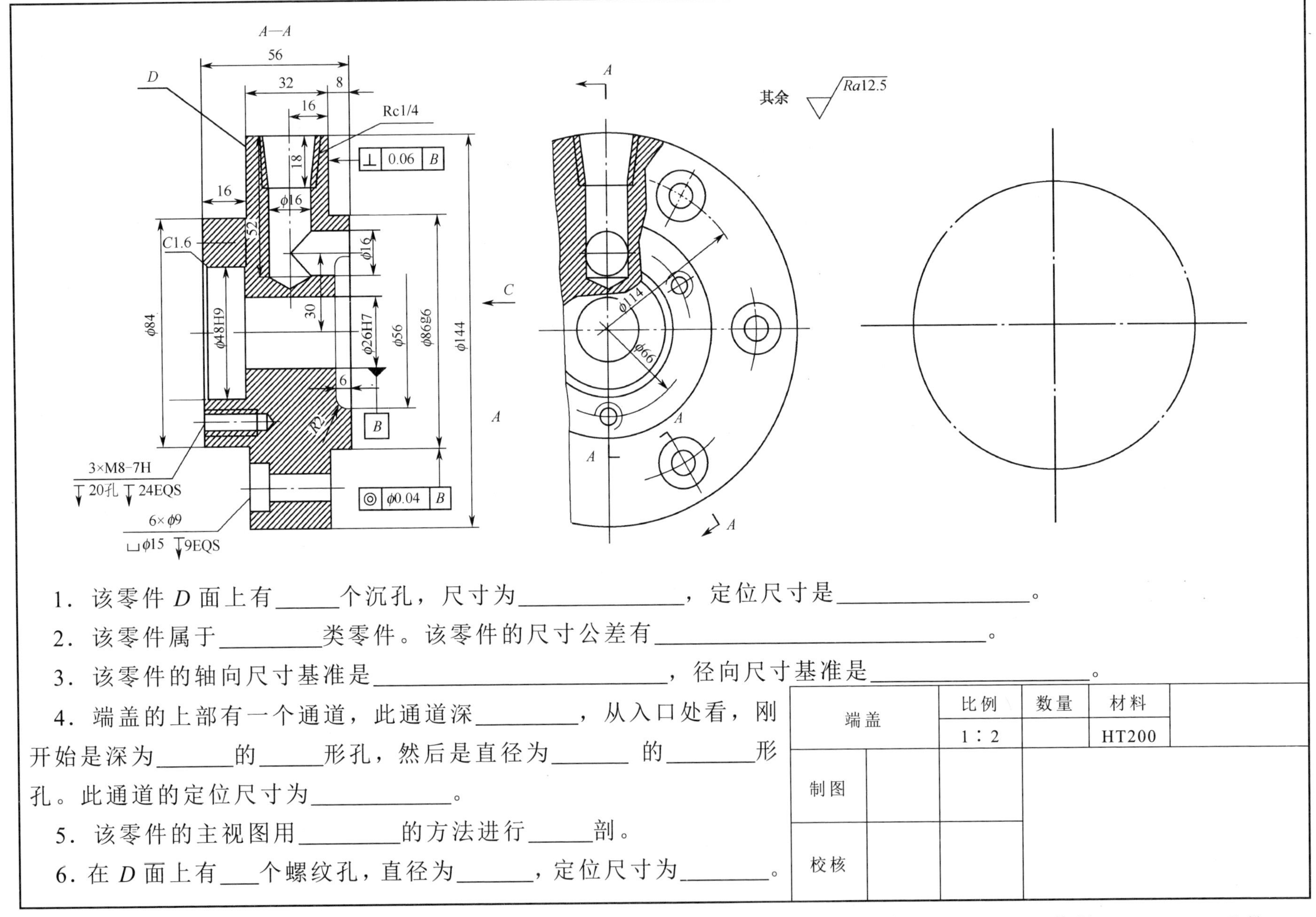

1．该零件 D 面上有_____个沉孔，尺寸为______________，定位尺寸是_________________。

2．该零件属于________类零件。该零件的尺寸公差有______________________________。

3．该零件的轴向尺寸基准是__________________________，径向尺寸基准是____________________。

4．端盖的上部有一个通道，此通道深_________，从入口处看，刚开始是深为______的_____形孔，然后是直径为______ 的_______形孔。此通道的定位尺寸为_____________。

5．该零件的主视图用_________的方法进行_____剖。

6．在 D 面上有___个螺纹孔，直径为______，定位尺寸为_______。

端盖		比例	数量	材料
		1∶2		HT200
制图				
校核				

6-9 读拨叉零件图，并完成填空题

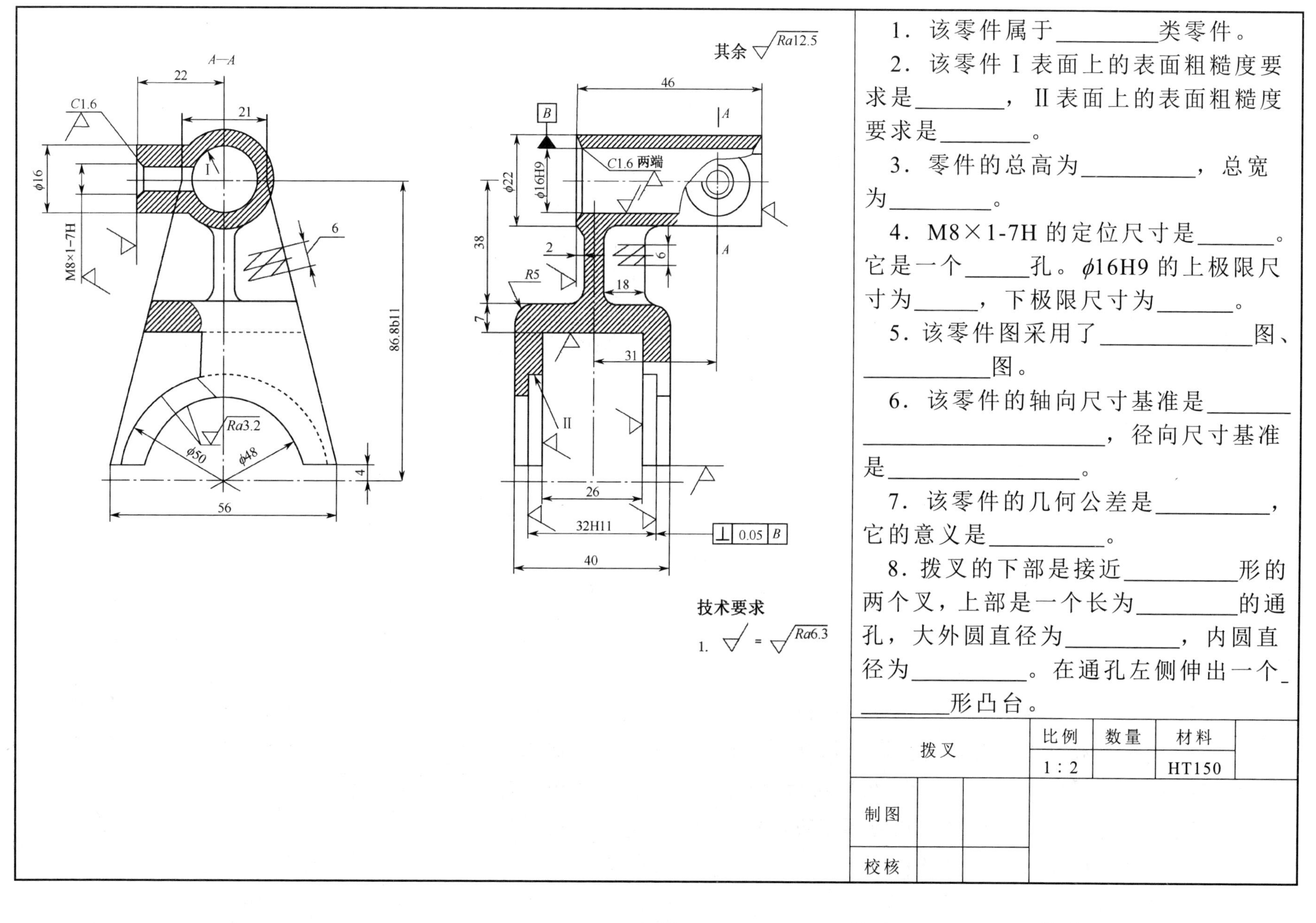

1．该零件属于________类零件。

2．该零件Ⅰ表面上的表面粗糙度要求是________，Ⅱ表面上的表面粗糙度要求是________。

3．零件的总高为__________，总宽为__________。

4．M8×1-7H 的定位尺寸是________。它是一个______孔。ϕ16H9 的上极限尺寸为______，下极限尺寸为______。

5．该零件图采用了____________图、__________图。

6．该零件的轴向尺寸基准是________________________，径向尺寸基准是________________。

7．该零件的几何公差是__________，它的意义是__________。

8．拨叉的下部是接近__________形的两个叉，上部是一个长为__________的通孔，大外圆直径为__________，内圆直径为__________。在通孔左侧伸出一个________形凸台。

拨叉		比例	数量	材料	
		1 : 2		HT150	
制图					
校核					

6-10 读壳体零件图，并完成填空题

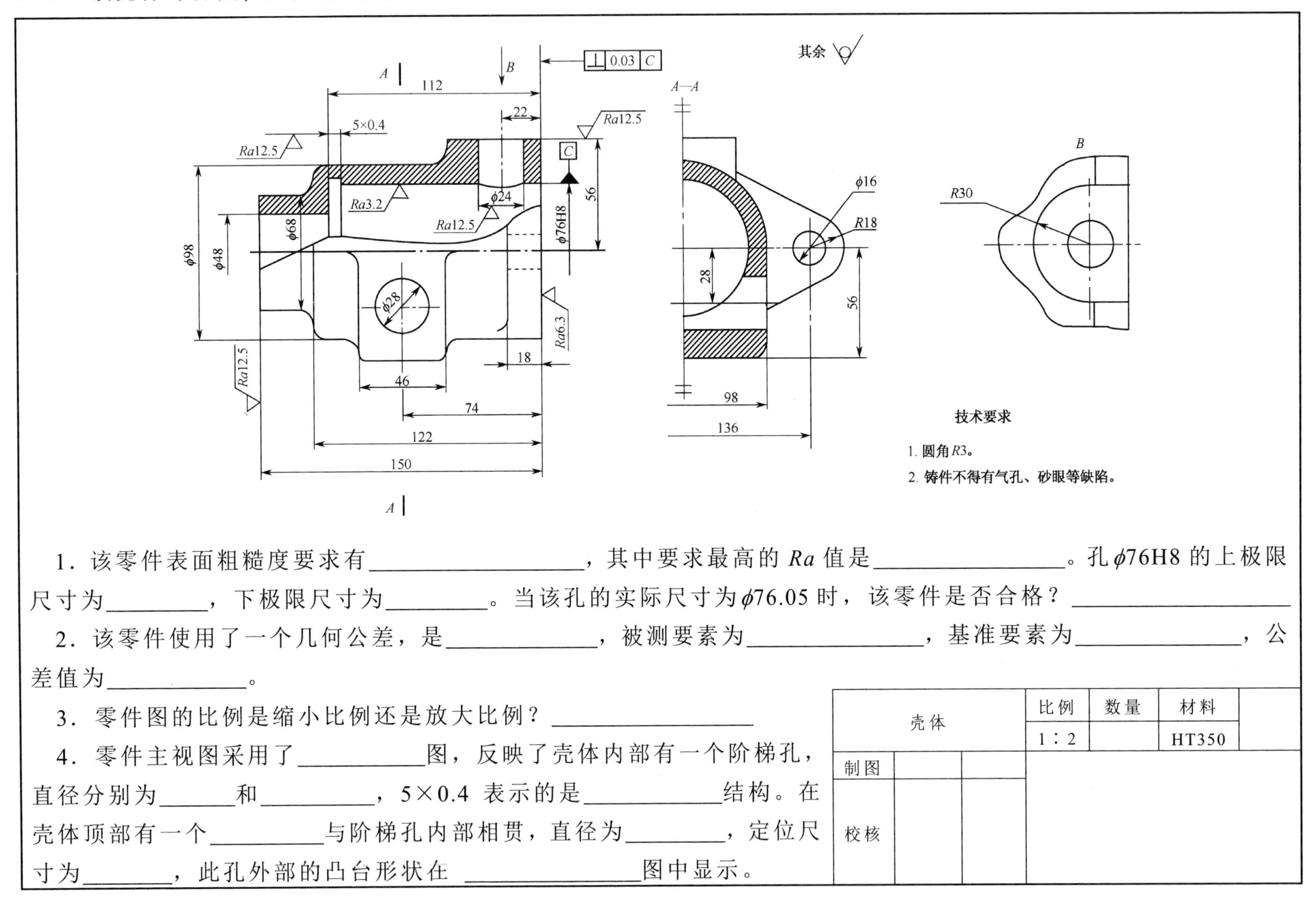

1. 该零件表面粗糙度要求有__________，其中要求最高的 *Ra* 值是__________。孔 ϕ76H8 的上极限尺寸为________，下极限尺寸为________。当该孔的实际尺寸为 ϕ76.05 时，该零件是否合格？__________

2. 该零件使用了一个几何公差，是__________，被测要素为__________，基准要素为__________，公差值为__________。

3. 零件图的比例是缩小比例还是放大比例？__________

4. 零件主视图采用了__________图，反映了壳体内部有一个阶梯孔，直径分别为______和________，5×0.4 表示的是__________结构。在壳体顶部有一个________与阶梯孔内部相贯，直径为________，定位尺寸为_______，此孔外部的凸台形状在__________图中显示。

壳体		比例	数量	材料	
		1∶2		HT350	
制图					
校核					

7-1 读卧式柱塞泵装配图，回答问题

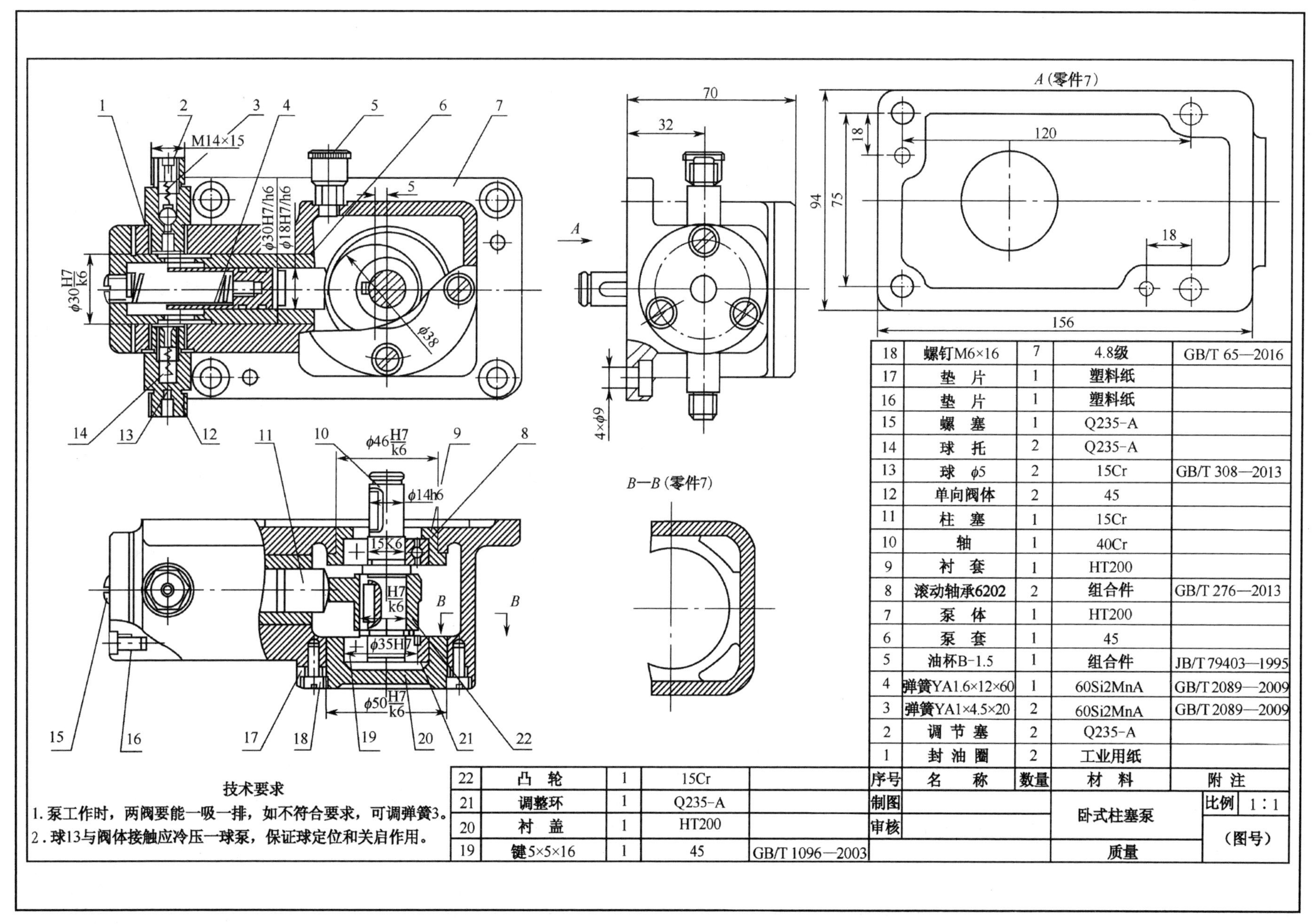

技术要求

1. 泵工作时，两阀要能一吸一排，如不符合要求，可调弹簧3。
2. 球13与阀体接触应冷压一球泵，保证球定位和关启作用。

序号	名 称	数量	材 料	附 注
22	凸 轮	1	15Cr	
21	调整环	1	Q235-A	
20	衬 盖	1	HT200	
19	键5×5×16	1	45	GB/T 1096—2003
18	螺钉M6×16	7	4.8级	GB/T 65—2016
17	垫 片	1	塑料纸	
16	垫 片	1	塑料纸	
15	螺 塞	1	Q235-A	
14	球 托	2	Q235-A	
13	球 φ5	2	15Cr	GB/T 308—2013
12	单向阀体	2	45	
11	柱 塞	1	15Cr	
10	轴	1	40Cr	
9	衬 套	1	HT200	
8	滚动轴承6202	2	组合件	GB/T 276—2013
7	泵 体	1	HT200	
6	泵 套	1	45	
5	油杯B-1.5	1	组合件	JB/T 79403—1995
4	弹簧YA1.6×12×60	1	60Si2MnA	GB/T 2089—2009
3	弹簧YA1×4.5×20	2	60Si2MnA	GB/T 2089—2009
2	调 节 塞	2	Q235-A	
1	封 油 圈	2	工业用纸	

制图		卧式柱塞泵	比例	1∶1
审核			（图号）	
		质量		

1．概括了解（看标题栏、明细栏，查找零件）

从标题栏、明细栏中可以看出，该柱塞泵共有____________零件，其中标准件为__________，其余为非标准件。

2．分析视图（了解视图数量与配置、表达方法、内容）

柱塞泵装配图采用了三个________视图、一个______视图和一个________视图。主视图为了表达柱塞泵的结构形状和三条装配干线，采用了_______剖视；俯视图为了表达柱塞泵的结构形状和主要装配干线，____处采用了局部剖视；左视图为了表达柱塞泵的结构形状和局部结构的内部形状，也采用了______剖视；为了表达零件 7（泵体）后面的形状，采用了___________；为了表达泵体右端的内部形状，采用了______________。

3．分析装配关系、工作原理、传动路线

从主、俯视图的投影关系可知，运动从件 10（轴）输入，它将回转运动通过件 19（键）传递给件 22（凸轮），件 22 将回转运动传给件 11（柱塞），使件 11 在件 6（泵套）内向左做直线运动。而件 4（弹簧）则使件 11 向右运动。件 4 的松紧由件 15（螺塞）调节。从配合尺寸_____________和____________________可知，件 11 确实是在件 6 内做直线往复运动，而件 6 在件 7（泵体）内是无相对运动的。从主视图上可知，泵体左端上下各装了一个单向阀，以保证油液单向进出，互不干扰。对照主、俯视图和明细栏，还可知件 5（油杯）和件 8（轴承）都是_______件，件 5 用于润滑凸轮，两滚动轴承用于支承件 10（轴）和改善轴的工作情况。从俯视图可知，泵体左端和前端的衬盖和泵套用_________固定在泵体上。

柱塞泵凸轮轴的装配顺序应为凸轮轴+键+凸轮+两端轴承+衬套+衬盖，然后一起由前向后装入泵体，最后装上四个螺钉。

4．分析零件

柱塞泵的_______是一个主要零件，从左、俯视图和 *A* 向视图可知，泵体底板处有安装用的______个_________孔和____个_______孔。

7-2 读安全阀装配图，回答问题

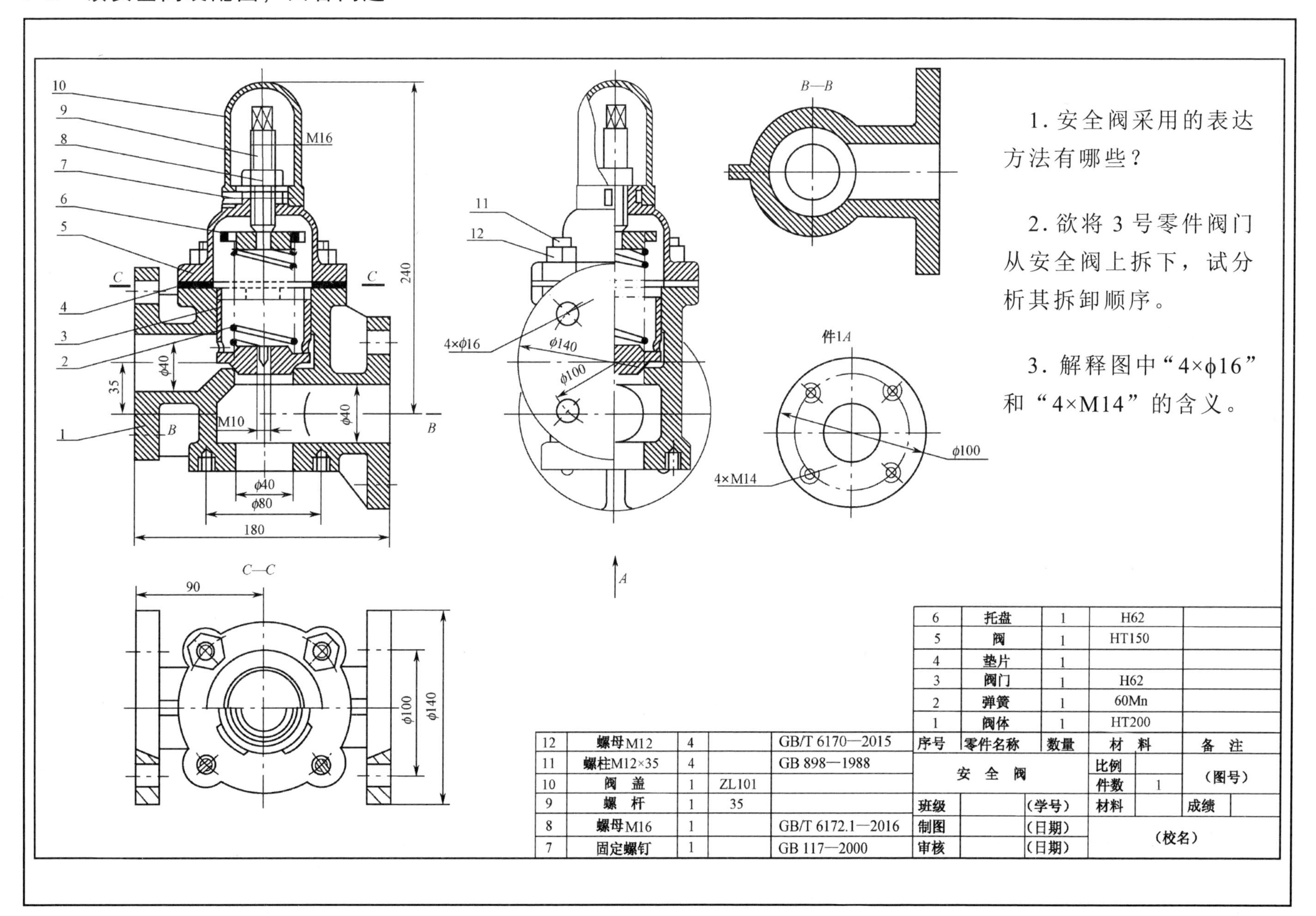

1. 安全阀采用的表达方法有哪些？

2. 欲将 3 号零件阀门从安全阀上拆下，试分析其拆卸顺序。

3. 解释图中“4×ϕ16”和“4×M14”的含义。

序号	零件名称	数量	材料	备注
6	托盘	1	H62	
5	阀	1	HT150	
4	垫片	1		
3	阀门	1	H62	
2	弹簧	1	60Mn	
1	阀体	1	HT200	
12	螺母M12	4		GB/T 6170—2015
11	螺柱M12×35	4		GB 898—1988
10	阀盖	1	ZL101	
9	螺杆	1	35	
8	螺母M16	1		GB/T 6172.1—2016
7	固定螺钉	1		GB 117—2000

安全阀			比例		(图号)	
			件数	1		
班级		(学号)	材料		成绩	
制图		(日期)	(校名)			
审核		(日期)				

机械识图

（第2版）

责任编辑：张 凌
封面设计：彩丰文化

ISBN 978-7-121-43559-1
9 787121 435591 >
定价：39.00元